给孩子的科普书

无人机与航空模型

席轩　刘鑫　主编

西北工业大学出版社
西　安

【内容简介】 本书紧贴无人机的应用,将最新的无人机知识深入浅出地讲授给青少年群体,从航空模型到无人机,依托大量实际教学与飞行经验,基于无人机驾驶员手册,系统、全面地介绍了航空模型、无人机的相关知识。内容包括飞行原理与飞行性能、航空模型理论基础及制作材料和工具、多旋翼无人机、基础飞行训练等。

本书可供中小学生和无人机兴趣爱好者使用,也可供中小学科技实践课任课教师参考。

图书在版编目(CIP)数据

无人机与航空模型 / 席轩,刘鑫主编.—西安:西北工业大学出版社,2021.8
ISBN 978-7-5612-7822-2

Ⅰ.①无… Ⅱ.①席… ②刘… Ⅲ.①无人驾驶飞机-教材 ②航模-教材 Ⅳ.①V279②V278

中国版本图书馆CIP数据核字(2021)第146776号

责任编辑:张 潼 曹 江		策划编辑:杨 军	
责任校对:胡莉巾		装帧设计:李 飞	

出版发行:西北工业大学出版社
通信地址:西安市友谊西路127号　　　　　　邮编:710072
电　　话:(029)88491757,88493844
网　　址:www.nwpup.com
印 刷 者:西安久盛印务有限责任公司
开　　本:710 mm×1 000 mm　　　　1/16
印　　张:5
字　　数:101千字
版　　次:2021年8月第1版　　　2021年8月第1次印刷
定　　价:29.00元

如有印装问题请与出版社联系调换

斯凯通航，用心飞翔！从绿茵上孩子手里拽着的风筝，夜空中写满祝福的孔明灯，云层里轰鸣的"铁鸟"，到射向无人深空的"神舟"，无一不是人类翱翔天空的痕迹，在短短的一个世纪里，人类不断将活动空间向上拓展，实现、突破着飞行的梦想。

孩子们的想象力是无穷的，在《舒克与贝塔》《玩具总动员》《小飞侠》《红猪》等动漫作品中，我们常见到令人浮想联翩的各类飞行器的身影，然而商场里各种飞机玩具满足不了孩子们那颗遨游天空的心。

航空模型是从人类一步步开始探索飞行的"脚印"中发展的，它是航空器的雏形，是一本高效、生动而又震撼的航空航天"教科书"，它使复杂的航空器结构和系统简化后被读者接受。学习航空模型理论与制作，将开拓孩子们的知识面，使他们形成基本的航空理论知识素养。

近年来，随着飞控系统和电子设备的发展，航空模型作为航空器教学工具，衍生出了小型化的无人机，二者同源而殊途：航空模型侧重于教育培训，而无人机着力于生产实践。随着小型化无人机在民用领域的大量应用，航拍无人机拍摄的角度新颖的画面在新闻联播、抖音短视频、微信朋友圈等中随处可见。无人机的用途远不止如此，在农业植保、警用安保、电力巡检、土地测绘、物流和设计等领域，无人机作为一种工具，极大地提高了生产力，成为整个生产过程中的关键。无人机书写着科技与创新，年轻一代的我们应尽早接触、学习无人机技术知识，紧跟时代的浪潮。

请读者跟随本书一起，学习航空相关的基础理论（第1章和第2章），在本书的指导下亲手完成航空模型与无人机的制作。可以选择亲手制作一架固定翼悠闲翱翔在天际，又或者动手组装一架旋翼机，以第一人称视角，体验身临其境的速度与激情。整个过程重在实践，充满趣味，可启发读者的航空航天科学素养。

在开始制作属于自己的飞行器（第3章和第4章）之前，读者应了解无人机是通过哪些结构和方法来控制飞行时的平衡的，了解飞行器动力系统、飞控系统等机载电子设备的组成及型号，认识实验室各类工具的使用方法，打好基础，跟随书本一起完成飞行器的制作。

在完成理论知识与实践制作之后，接下来就是飞行教学章节（第5章）。无人机与航空模型的飞行难度很高，如果完全没有经验和指导，就可能会让辛苦制作的飞行器在几秒内碎落一地。飞行教学章节将从各类飞行器地面遥控器参数设置和飞行器调试开始，用最规范的动作、最安全的方法进行初级入门飞行的学习，以节约时间和设备成本。在初步掌握飞行技巧后，读者可以在本书的指导下，循序渐进地学习进阶飞行动作与特技飞行技巧，掌握无人机地面站使用方法，最终掌握无人机与航空模型这门实践学科。

向往着天空的你，赶快加入到无人机与航空模型这场科技类实践活动中来吧，和斯凯通航一起，不忘初心，用心飞翔！

笔者深耕无人机应用与教研，以在斯凯通航的多年从业经验，巧用心思地将理论与实践相结合，通过浅显易懂的文字，向读者展现一个无人机的精彩世界。由于笔者水平有限，书中难免有疏漏或不足之处，恳请广大读者批评指正。

编　者

2021年4月

目　录
Contents

第 1 章　概述

1.1　飞机的发展史 …………………………………………… 001

1.2　无人机的定义及分类 …………………………………… 004

1.3　固定翼航空器平台 ……………………………………… 007

1.4　旋翼平台 ………………………………………………… 012

第 2 章　飞行原理与飞行性能

2.1　牛顿三大运动定律、扭力与反扭力 …………………… 014

2.2　无人机空气动力学基础理论 …………………………… 020

2.3　飞机的稳定性 …………………………………………… 027

第 3 章　航空模型理论基础及制作材料和工具

3.1　航空模型分类 …………………………………………… 030

3.2　航空模型机载电子设备 ………………………………… 033

3.3　航空模型制作工具介绍 ………………………………… 037

第 4 章　多旋翼无人机

4.1　多旋翼无人机的定义及特点 …………………………… 051

4.2　多旋翼飞行器控制原理 ………………………………… 051

4.3　教学用竞速多旋翼组成 ………………………………… 055

第 5 章　基础飞行训练

5.1　训练飞场空域范围 ……………………………………… 070

5.2　飞行训练要求 …………………………………………… 071

5.3　五边航线 ………………………………………………… 073

第1章 概　　述

飞行器是由人类制造的，能飞离地面的，在大气层内或大气层外空间飞行的机械飞行物。在大气层内飞行的称为航空器，在太空飞行的称为航天器。

航空器依据获得升力的方式不同分为两大类，一类是轻于空气的航空器，依靠空气的浮力飘浮于空中，如气球、飞艇等；另一类是重于空气的航空器，包括非动力驱动和动力驱动两种类型。无人机系统飞行器平台主要使用的是重于空气的动力驱动的航空器。

1.1　飞机的发展史

1.1.1　历史上第一架飞机

20世纪初，在美国有一对兄弟，他们在世界的飞机发展史上做出了重大的贡献，他们就是莱特兄弟。1900—1902年间，他们进行了1 000多次滑翔试飞，终于在1903年制造出了第一架依靠自身动力进行载人飞行的飞机——"飞行者"1号，并且试飞成功。他们因此于1909年获得美国国会荣誉奖。同年，他们创办了"莱特飞机公司"，这是人类在飞机发展史上取得的巨大成功。图1-1为莱特兄弟与他们的飞机。

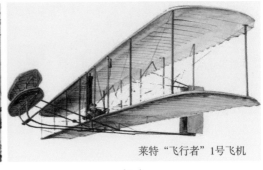

莱特"飞行者"1号飞机

（a）　　　　　　　　　　　　　（b）

图1-1　莱特兄弟与他们的飞机

（a）莱特兄弟；（b）莱特兄弟的飞机

1.1.2 喷气式飞机

德国设计师奥安在新型发动机研制上最早取得成功。1939年8月27日，奥安使用他的发动机制成He–178喷气式飞机，如图1–2所示。

图1–2 奥安和He–178喷气式飞机

1.1.3 直升机

1939年9月14日，世界上第一架实用型直升机诞生，它是美国工程师西科斯基研制成功的VS–300直升机，如图1–3所示。

图1–3 西科斯基研制成功的VS–300直升机

1.1.4 民航机

20世纪20年代，飞机开始载运乘客，第二次世界大战结束初期，美国开始把大量的运输机改装为客机。著名的有苏联生产的安–22、伊尔–76，美国生产的

C-141、C-5、波音-747，法国空中客车等，如图1-4所示。

错综复杂的空中航线把世界各国连接起来，为人们提供了既方便又迅速的客运网络。如今，空中航线更是四通八达，人们随时都会看见银色的飞机，如同一只大鸟，在蔚蓝的天空中一掠而过。

（a）

（b）

（c）

（d）

（e）

（f）

图1-4 现代大型运载飞机

（a）安-22；（b）伊尔-76；（c）C-141；（d）C-5；
（e）波音-747；（f）法国空中客车

1.2 无人机的定义及分类

1.2.1 无人机的定义

无人机是无人驾驶飞机（Unmanned Aerial Vehicle，UAV）的简称，是利用无线电遥控设备和自备的程序控制装置的不载人飞机，包括无人直升机、固定翼无人机、多旋翼无人机、无人飞艇等（见图1-5）。广义地看，也包括临近空间飞行器（20～100 km空域），如平流层飞艇、高空气球和太阳能无人机等。从某种角度来看，无人机可以在无人驾驶的条件下完成复杂空中飞行任务和各种负载任务，被看作是"空中机器人"。

（a）　　　　　　　　　　　　　　　　（b）

（c）　　　　　　　　　　　　　　　　（d）

图1-5　无人机的种类

（a）无人直升机；（b）固定翼无人机；（c）多旋翼无人机；（d）无人飞艇

1.2.2　无人机的分类

1. 按照不同平台构型分类

无人机主要有固定翼无人机、无人直升机和多旋翼（多轴）无人机三大平台，其他小种类无人机平台还包括伞翼无人机、扑翼无人机和无人飞船等。固定翼无人机是军用和多数民用无人机的主流平台，最大特点是飞行速度较快；无人直升机是灵活性最强的无人机平台，可以原地垂直起飞和悬停；多旋翼（多轴）无人机是消费级和部分民用无人机的首选平台，灵活性介于固定翼和直升机之间，但操作简单、成本较低。

2. 按不同使用领域分类

无人机按使用领域可分为军用、民用和消费级三大类，对于无人机的性能要求各有偏重。

（1）军用无人机（见图1-6）对于灵敏度、飞行高度和速度以及智能化等有着较高的要求，是技术水平最高的无人机，包括侦察、诱饵、电子对抗、通信中继、靶机和无人战斗机等机型。

图1-6　军用无人机

（2）民用无人机一般对于速度、升限和航程等要求较低，但对于人员操作培训、综合成本有较高的要求，因此需要形成成熟的产业链，以提供尽可能低廉的零部件和支持服务，在未来，无人机潜力最大的应用领域就是民用，新增市场需求包括消防、警用、农业植保、货运等。民用无人机的应用如图1-7所示。

（a）　　　　　　　　　　　　　　　（b）

（c）　　　　　　　　　　　　　　　（d）

图1-7　民用无人机的应用

（a）消防；（b）警用；（c）农业植保；（d）货运

（3）消费级无人机一般采用成本较低的多旋翼无人机平台，用于航拍、游戏等休闲场景。航拍无人机如图1-8所示。

图1-8　航拍无人机

1.3 固定翼航空器平台

1.3.1 固定翼基础结构

固定翼航空器（Fixed-wing Aeroplane）平台即日常生活中提到的"飞机"，是指由动力装置产生前进的推力或者拉力，由机体上固定的机翼产生升力，在大气层内飞行的重于空气的航空器。

无论是载人的客运飞机还是军用的战斗机、运输机或是固定翼无人机，都主要由机身、机翼、尾翼、起落架和动力装置五部分组成。

1.机身

机身（见图1-9）是航空模型与无人机的枢纽，机身的前半部分为机头，主要连接动力装置；机身的中部连接机翼，主要提供升力；机身的尾部连接尾翼，主要控制横侧和俯仰的稳定。机身中部装有接收器、电池（或燃料）、电调、各种操纵舵机和连接结构等。因为有些航空模型还要根据规定容纳载重，所以机身一般应具有一定的容积。

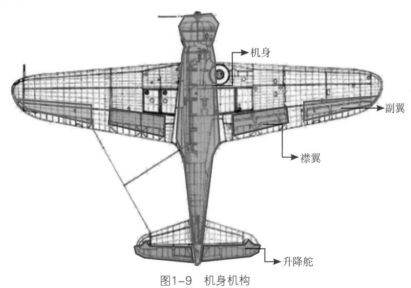

图1-9 机身机构

2.机翼

机翼（见图1-10）是固定翼飞行器产生升力的部件，机翼后缘有可操纵的活动面，一般靠外侧的叫作副翼，用于控制飞机的滚转运动；靠内侧的是襟翼，用于增加起飞着陆阶段的升力。

3.尾翼

尾翼（见图1-11）是用来配平、稳定和操纵固定翼飞行器飞行的部件，通常包括垂直尾翼（垂尾）和水平尾翼（平尾）两部分。垂直尾翼由固定的垂直安定面和安装在其后部的方向舵组成；水平尾翼由固定的水平安定面和安装在其后部的升降舵组成。

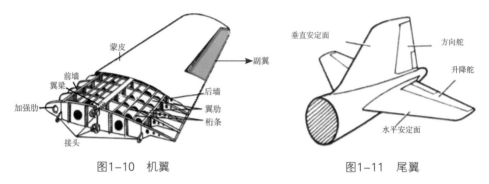

图1-10　机翼　　　　　　　　　　图1-11　尾翼

4.起落架

起落架（见图1-12）是用来支撑飞机停放、滑行、起飞和着陆滑跑的部件，一般由支柱、缓冲器、刹车装置、机轮和收放机构组成。陆上飞机的起落装置一般由减震支柱和机轮组成。此外，还有专供水上飞机起降的带有浮筒的起落架和雪地起降用的滑橇式起落架。

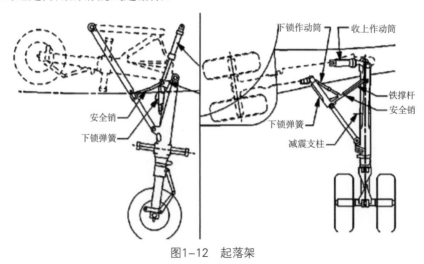

图1-12　起落架

1.3.2 固定翼飞行器分类

按机翼的配置形式分类，主要有上单翼、中单翼和下单翼三种形式，如图1-13所示。

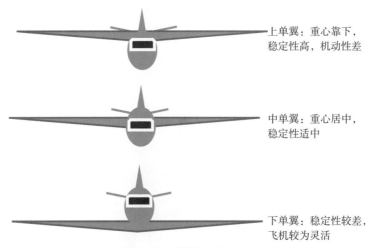

上单翼：重心靠下，
稳定性高，机动性差

中单翼：重心居中，
稳定性适中

下单翼：稳定性较差，
飞机较为灵活

图1-13 机翼的配置形式

按照机翼上反角的形式分类，机翼有上反翼、下反翼和无上反翼三种形式，如图1-14所示。

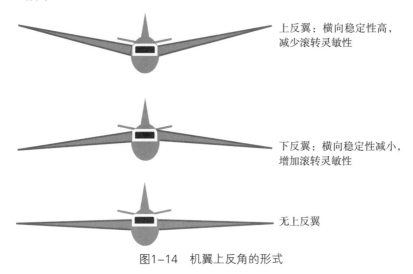

上反翼：横向稳定性高，
减少滚转灵敏性

下反翼：横向稳定性减小，
增加滚转灵敏性

无上反翼

图1-14 机翼上反角的形式

1.3.3　固定翼常见气动布局

气动布局一般指平尾相对于机翼在纵向位置上的安排方式，一般有正常式布局、鸭式布局、无尾式布局和三角翼布局等几种。

1.正常式布局

普通客机即为正常式布局，如图1-15所示。

图1-15　正常式布局

2.鸭式布局

歼-10和歼-20战斗机都采用了鸭式布局，如图1-16所示。

（a）　　　　　　　　　　　　　　　　（b）

图1-16　鸭式布局

（a）歼-10战斗机；（b）歼-20战斗机

3.无尾式布局

法国幻影–2000飞机即三角翼布局，具有良好的敏捷性和较快的速度。在航空模型中，经常会有一些三角翼飞机，它们飞行速度快，并能够实现大迎角飞行和降落等，便于操作，有助于提高航空模型飞行性能。如图1–17所示。

图1–17　无尾式布局

4.飞翼布局

从外形上来看，飞翼布局的飞机通常既没有平尾也没有垂尾，其机身和机翼融为一体，在航空模型中，经常会有飞翼布局的飞机，它们结构相对简单，气动效率高，易于制作，通常更适用于远航无人机的制作改装。如图1–18所示。

图1–18　飞翼布局

1.4 旋翼平台

旋翼航空器是一种重于空气的航空器，其在空中飞行的升力由一个或多个旋翼与空气进行相对运动的反作用提供，现代旋翼航空器通常包括直升机、旋翼机和多轴飞行器三种类型。

1.4.1 直升机

直升机是一种由一个或多个水平旋转的旋翼提供升力和推进力而进行飞行的航空器。直升机具有大多数固定翼航空器所不具备的垂直升降、悬停、小速度向前或向后飞行的特点。这些特点使得直升机在很多场合都可以大显身手。直升机与固定翼飞机相比，其缺点是速度低、耗油量较高及航程较短。

直升机的升力产生原理与机翼相似，只不过这个升力来自于绕固定轴旋转的旋翼。旋翼不像固定翼航空器那样依靠整个机体向前飞行使机翼与空气产生相对运动，而是依靠自身旋转产生与空气的相对运动。但是，在旋翼提供升力的同时，直升机机身也会因反扭矩（与驱动旋翼旋转等量但方向相反的扭矩，即反作用扭矩）的作用而具有向反方向旋转的趋势。为了克服旋翼旋转产生的反作用扭矩，常见的做法是用另一个小型旋翼，即尾桨，在机身尾部产生抵消反向运动的力矩，人们将这种直升机称为单旋翼直升机。另外一种做法是采用旋翼之间反向旋转的方法来抵消反扭矩的作用，即构成多旋翼直升机。

1.4.2 旋翼机

自转旋翼机简称旋翼机或自旋翼机，是旋翼航空器的一种。它的旋翼没有动力装置驱动，仅依靠前进时的相对气流吹动旋翼自转以产生升力。旋翼机大多由独立的推进或拉进螺旋桨提供前飞动力，用尾舵控制方向。旋翼机必须像固定翼航空器那样滑跑加速才能起飞，少数安装有跳飞装置的旋翼机能够原地跳跃起飞，但旋翼机不能像直升机那样进行稳定的垂直起降和悬停。与直升机相比，旋翼机的结构非常简单、造价低廉、安全性亦较好，一般用于通用航空或运动类飞行。

自转旋翼机的设计各种各样，但大多数设计的基本构成要素是相同的。一架具备基本功能的自转旋翼机通常包括机身、动力系统、旋翼系统、尾翼和起落架5个部分。

（1）机身：提供其他部件的安装结构。

（2）动力系统：提供旋翼机向前飞行的推力，在飞行时和旋翼系统无关。

（3）旋翼系统：提供旋翼机飞行所必需的升力和控制能力。常见的是带桨毂倾斜控制的跷跷板式旋翼，也可以采用全铰式旋翼。

（4）尾翼：提供稳定性和俯仰、偏航控制，和固定翼飞机的尾翼功能类似。

（5）起落架：提供旋翼机在地面的移动能力，类似于固定翼飞机的起落架。最常见的是前三点式起落架。

1.4.3　多轴飞行器

多轴飞行器（Multirotor）是一种具有3个及以上旋翼轴的特殊的直升机，其通过每个轴上的电动机转动带动旋翼，从而产生升推力。旋翼的总距固定而不像一般直升机那样可变，通过改变不同旋翼之间的相对转速，可以改变单轴推进力的大小，从而控制飞行器的运行轨迹。

多轴飞行器结构简单，便于小型化生产，近年来在小型无人直升机领域大量应用，常见的有四轴、六轴及八轴飞行器。它的体积小、质量轻、携带方便，能轻易进入各种恶劣环境。和传统直升机相比，它有许多优点：旋翼角度固定，结构简单；每个旋翼的叶片比较短，叶片末端的线速度慢，发生碰撞时冲击力小，不容易损坏，操作更安全。有些小型四轴飞行器的旋翼有外框，可以避免磕碰。发展到如今，多轴飞行器已可执行航拍电影、取景、实时监控以及地形勘探等飞行任务。

第 2 章　飞行原理与飞行性能

2.1　牛顿三大运动定律、扭力与反扭力

2.1.1　牛顿第一运动定律

很多人认为，如果要使一个物体持续运动，就必须对它施加力的作用，如果这个力被撤掉，物体就会停止运动。然而，伽利略通过实验分析得出，物体的运动并不需要力来维持，运动的物体之所以会停下来，是因为受到了阻力。

伽利略进一步推测，如果物体受到的阻力为零，速度就不会减小，物体将以恒定不变的速度永远运动下去。后来，英国科学家牛顿总结了伽利略等人的研究成果，概括出一条重要的物理规律：一切物体在没有受到外力的作用时，总保持静止或匀速直线运动状态。这就是著名的牛顿第一运动定律。

请思考：飞行器匀速飞行时受到哪些力的作用？

解析：平飞

水平匀速直线飞行叫平飞。平飞是最基本的飞行姿态。维持平飞的条件是：升力等于重力，推力等于阻力。飞行器匀速飞行时的受力分析如图2-1所示。

从牛顿第一运动定律可以知道，如果物体不受外力的作用，原来静止的物体将一直保持静止状态，匀速运动的物体将保持现有速度一直运动下去，一切物体都有保持原来运动状态不变的性质，我们把这种性质叫做惯性。

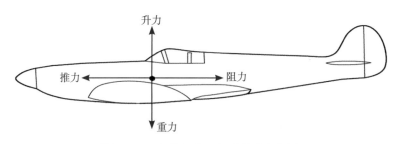

图2-1　飞行器匀速飞行时的受力分析

2.1.2　牛顿第二运动定律

牛顿第二运动定律的常见表述是：物体加速度的大小跟作用力成正比，跟

物体的质量成反比；加速度的方向跟作用力的方向相同。

该定律是英国科学家牛顿于1687年在《自然哲学的数学原理》一书中提出的。牛顿第二运动定律和牛顿第一、第三运动定律共同组成了牛顿运动定律，阐述了经典力学中基本的运动规律。

请思考1：火车与汽车（见图2-2）同时起步加速，谁的速度能最先达到100 km/h？

（a） （b）

图2-2 火车与汽车

（a）火车；（b）汽车

请思考2：我们用速度来描述物体运动的快慢，是不是应该还有一个物理量来描述物体速度变化的快慢？在日常生活中，我们出行乘坐的大型客机与航拍无人机（见图2-3），谁的速度更块？谁的速度变化更快？

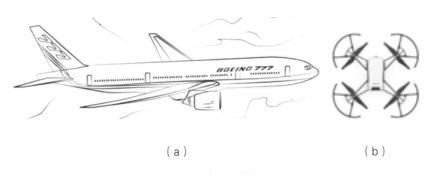

（a） （b）

图2-3 大型客机与航拍无人机

（a）大型客机；（b）航拍无人机

解析：火车与大型客机速度更快，但相比汽车与航拍无人机，其质量更大，推重比更小，所以速度变化也更慢。

飞行扩展知识点

升力、阻力都和飞行速度有关，一架原来平飞的飞机模型如果增大了马力，拉力就会大于阻力，使飞机模型有了向前的加速度，飞行速度加快。飞行速度加快导致升力随之增大，升力大于重力，飞机模型将逐渐爬升。为了使飞机模型在较大马力和飞行速度下仍保持平飞，就必须相应减小迎角。反之，为了使飞机模型在较小马力和速度条件下维持平飞，就必须相应地加大迎角。因此，操纵（调整）飞机模型到平飞状态，实质上是对发动机马力和飞行迎角进行正确匹配。

2.1.3 牛顿第三运动定律

牛顿第三运动定律：作用力与反作用力

力是物体与物体之间的作用，只要谈到力，就一定存在受力物体与施力物体。

小实验1：将分别装有磁铁的小车甲和小车乙放置，如图2-4所示。观察松手后小车运动轨迹如何。

甲　　　　　　　　　　乙

图2-4　小车甲和小车乙

解析：磁极同性相斥、异性相吸，相同磁极在排斥对方的过程中，自己也会受到相等的反作用力，松手后小车运动轨迹如图2-5所示。

甲　　　　　　　　　　乙

图2-5　松手后小车运动轨迹

我们在划船过程中，当船桨的桨叶在水中划过时，桨叶是施力物体，水是受力物体，水受力后沿船身向后方流动，桨叶在施力过程中受到的反作用力带动船向前航行，划船过程中的受力情况如图2-6所示。

图2-6　划船过程中的受力情况

请思考1： 高速转动的无人机螺旋桨在空气中划过时（见图2-7），受力物体与施力物体分别是什么？

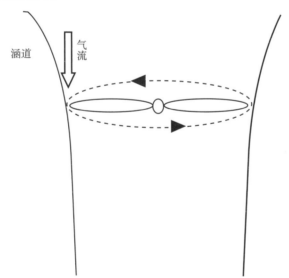

图2-7　螺旋桨产生气流示意图

解析：螺旋桨在空气中转动的过程正如上一个例子中桨叶在水中划过，气流在桨叶的推动下向下流动，螺旋桨受到的反作用力也就是其飞行所需的升力或推力。

请思考2： 海拔升高，空气变得稀薄，此时在同样的转速下，螺旋桨（见图2-8）受到的升力变大还是变小？高海拔区域的飞行与低海拔区域有什么不一样？

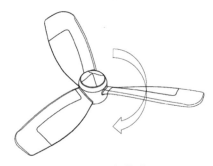

图2-8　螺旋桨

解析：在高海拔区域，受力物体周围的空气更稀薄，螺旋桨在相同转速下能搅动的空气变少，所以桨叶受到的反作用力也变小，螺旋桨获得的推力变小。因此，在高海拔区域飞行的常见措施有：增大桨叶长度与桨叶螺距。

此外，高海拔区域氧含量更低，发动机燃烧不充分，导致发动机动力降低。

2.1.4　扭力与反扭力

扭力与反扭力是我们在生活中不常观察到的一对作用力与反作用力。在驱动物体旋转时，我们需要施加扭力，而我们现在知道，只要谈到力，都是成对出现的，因此产生扭力的同时也就会产生反扭力。

小实验2：第一步，先将我们的雷鸟橡皮筋动力飞机的橡皮筋缠绕完毕；第二步，用手握住飞机螺旋桨，松开机身（见图2-9），观察机身如何转动，转动的方向和螺旋桨转动的方向是否一致？

图2-9　雷鸟橡皮筋动力飞机

捏住螺旋桨，从机尾方向往机头看，飞机朝左旋转，与螺旋桨转动方向相反，机身的橡皮筋驱动螺旋桨向右旋转的同时，对机身产生了向左的反扭力。

请思考： 正常飞行的固定翼飞机与直升机是怎样保持机身的稳定而不受反扭力影响产生偏转的？

解析：固定翼螺旋桨飞机受反扭力影响，机身会有向左旋转的趋势，常见的应对措施有以下几种。

（1）通过调整飞机副翼对飞行姿态进行配平。

（2）安装固定翼飞机螺旋桨时，采用不对称的安装方式，设置一个3°～5°的右下拉角（见图2-10），通过拉力在右和下两个方向的分力抵消螺旋桨带来的向左旋转的反扭力。

（3）固定翼机翼与尾翼在高速飞行中，气流紧贴机翼表面，增加了飞机的稳定性，使其不易受反扭力影响。

如图2-10所示，直升机大桨沿顺时针旋转时会产生反扭力，迫使机身沿逆时针方向旋转，为了抵消这股反扭力以维持飞行稳定，直升机安装了尾桨，尾桨转动产生侧方向的推力，使飞机平稳飞行而不发生自转。

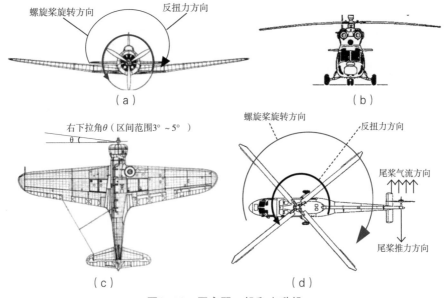

图2-10 固定翼飞机和直升机

（a）固定翼飞机正视图；（b）直升机正视图；（c）固定翼飞机俯视图；（d）直升机俯视图

2.2 无人机空气动力学基础理论

2.2.1 伯努利定律

机翼是如何通过空气获得升力的？丹尼尔·伯努利在1726年提出了"伯努利定律"，伯努利定律是空气动力最重要的公式，揭示了机翼升力的来源。简单来说，流体的速度越大，压力越小；速度越小，压力越大。这里说的流体一般是指空气或水。

小实验3：

如图2-11所示，在两根筷子上分别固定两张A4纸，将筷子平行放置，纸张自然下垂，此时从上往下吹气。观察发现，在吹气过程中，两张A4纸互相靠拢，好像有股无形的作用力将纸张压在一起。

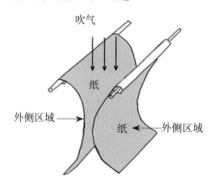

图2-11 伯努利实验示意图1

请思考： 当我们对着两张纸中间吹气时，两张纸中间区域压力与外侧区域压力的大小关系。

小实验4：

如图2-12所示，实验装置为一根两头粗中间细的管道，管道左、中、右分别连通有3根竖直的小管子，在3根小管子中，液面的高度分别代表大管道左、中、右三处位置压力的大小，液面高度越高，所对应位置压力越大。单位时间内进口流进的水量与出口流出的水量相等。在管道收缩区，横截面变小，通过它的水流速度必然增加，注意观察管道两头与中间压力大小的变化。

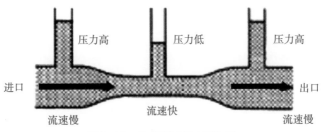

图2-12 伯努利实验示意图2

观察得知,管道中水流速慢的区域压力高,水流速快的区域压力低,符合伯努利定律中流体速度与压力之间的关系。

2.2.2 翼型与升力系数

1.翼型

翼型,一项和"车轮"同等重要的发明,指的是飞机机翼的截面形状,车轮让人类可以在陆地上疾驰,而翼型让人类能够自由地翱翔在天际。机翼剖面如图2-13所示。

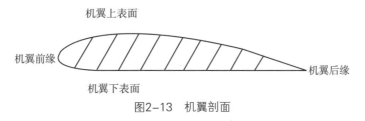

图2-13 机翼剖面

2.机翼升力的产生

当高速气流吹过机翼时,气体流动方向如图2-14所示,机翼上表面气流与下表面气流在相等的时间内,同时从机翼前缘到达机翼后缘,观察翼型设计,可以看到机翼上表面较凸,下表面较平,上表面气流经过的路程较长而下表面气流经过的路程较短,通过公式S(路程)$=v$(速度)t(时间)可以得出,上表面气流速度快,下表面气流速度慢。

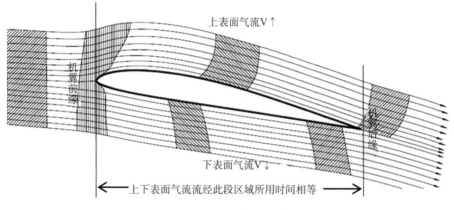

图2-14 机翼剖面气流

根据伯努利定律可以得出结论:机翼上表面气流的速度更快,压力更小,下表面速度更小,压力更大,上、下表面的压力差带给机翼升力,如图2-15所示。

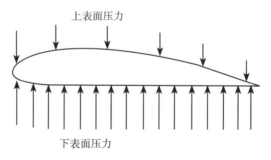

图2-15 机翼上、下表面受力示意

3.翼型的应用

实际上,翼型不仅应用于飞机的机翼和直升机的旋翼,在船舶的螺旋桨、火力及水力发电涡轮机的叶栅以及风力发电机组的叶片(见图2-16)中也能发现翼型的身影。毫不夸张地说,如果没有翼型,人类一半以上的工业活动将会减缓或停滞。在翼型的演化过程中,人们对它的认识与改进依赖于流体力学知识的发展,科学家们对翼型动力性能的理论研究贯穿了古代、近代和现代流体力学的发展历程。各类螺旋桨如图2-17所示。

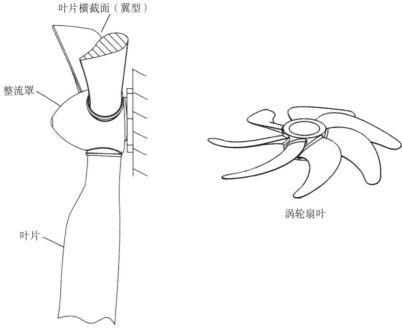

叶片横截面（翼型）

整流罩

叶片

涡轮扇叶

图2-16　风力发电机叶片示意图

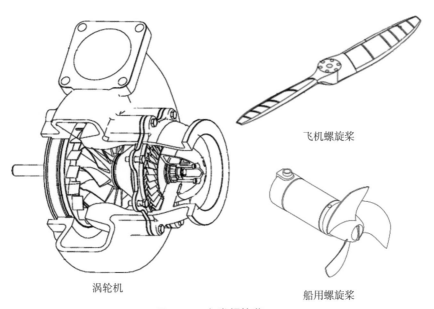

涡轮机

飞机螺旋桨

船用螺旋桨

图2-17　各类螺旋桨

4.升力系数

机翼的效率受翼型影响极大，在一定程度上是受翼型弯度和厚度的影响。为了方便起见，空气动力学家们将所有的非常复杂的机翼外形等因素汇总、简化成一个系数，即升力系数C_L，C_L越大，则该翼型产生的升力越大。不同翼型升力系数的关系如图2-18所示。

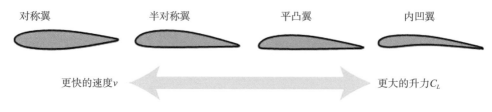

对称翼　　　　　半对称翼　　　　　平凸翼　　　　　内凹翼

更快的速度v　←　　　　　　　　→　更大的升力C_L

图2-18　不同翼型升力系数的关系

一般来说，机翼弯度越大，厚度越厚，其升力系数C_L也越大，最大飞行速度越慢。影响飞行器升力的因素还有飞行器的尺寸或面积S，飞行速度v，空气密度ρ等。

19世纪，在基础力学原理的基础上，伯努利给出了升力标准公式，即

$$L_{升力} = \frac{1}{2} \times \rho \times v^2 \times S \times C_L$$

（2-1）

2.2.3　迎角

对于固定翼飞机来说，机翼的前进方向（相当于气流的方向）和翼弦（与机身轴线不同）的夹角叫迎角，也称为攻角，它是确定机翼在气流中姿态的基准。在一定范围内增大迎角，升力系数C_L和阻力系数都增大，如图2-19所示。

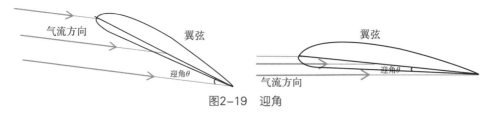

气流方向　　　　　翼弦　　　　　　翼弦

迎角θ　　　　　气流方向　　迎角θ

图2-19　迎角

为了获得支持飞机重力的升力，飞机高速飞行时以小的正迎角飞行，飞机低速飞行时以较大迎角飞行。

2.2.4　失速

在机翼迎角超过一定的角度后，流经翼型上表面的气流与机翼将发生严重的分离，升力急剧下降而不能保持正常飞行，这种现象叫失速，如图2-20所示。这个角度被我们称为飞机的临界迎角（或临界攻角）。

正常流经机翼的气流　　　　　　　　　　　失速时流经机翼的气流

图2-20　流经机翼的气流

正常流经机翼的气流轨迹是平顺整齐的，当机翼迎角过大超过临界迎角时，气流无法再平稳依附在机翼上表面，气流被打乱后变成了紊流，机翼临界迎角气流分布如图2-21所示，紊流区域位于机翼上表面。

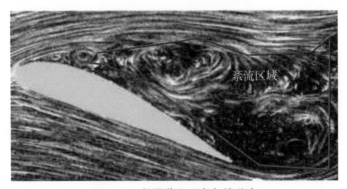

图2-21　机翼临界迎角气流分布

请思考1：机翼上表面的紊流区域为什么会导致升力急剧下降？

高速平顺的气流受到大迎角状态下的机翼的遮挡，产生了不规则紊流区域，紊流区域内气流运动不规则且速度急剧降低，由伯努利定律可知，上表面气流速度降低则上表面压力增加，机翼上、下表面压差降低，失速后升力也急剧降低。

要注意的是，失速的根本原因是迎角超过临界迎角，机翼失去升力。失速并不意味着引擎停止工作或是飞机失去前进的速度。

作为无人机与航空模型小飞行员，我们应时刻注意飞行安全，失速给飞行带来很大的安全隐患，很多的重大航空事故都是失速引起的，我们要加强对失速这一现象的学习和认识，避免操纵的飞机失速。如果飞机已经失速，我们要学会冷静处置，改出失速。

请思考2：失速的直接原因是机翼迎角超过临界迎角，使升力丧失，那么如果飞机已经失速，我们应当采取什么样的应急处理措施呢？

失速之后改出的方法其实很简单：推升降舵，使机头下倾，减小迎角，增加油门推力，使空速再次增加，飞机逐渐稳定后再缓慢抬头转平飞。

2.2.5 地面效应

地面效应是一种在靠近地面时使飞行器受到的阻力减小，同时能获得比空中飞行更高升阻比的流体力学效应。飞机在空中和靠近地面的气流方向如图2-22所示，当飞机靠近地面时，翼尖涡流及机翼下气流被阻挡，造成气流偏移，空气形成一个类似气垫的区域，大大提升了飞机升力，降低了诱导阻力。

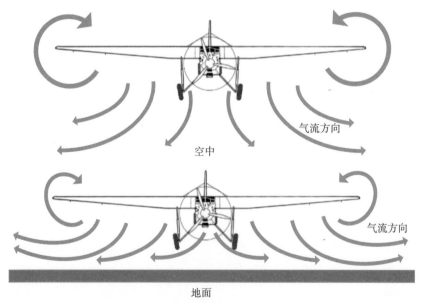

图2-22　飞机在空中和靠近地面的气流方向

2.2.6　翼载荷

翼载荷也称为机翼翼载，即飞机质量与机翼面积之比，表示为m/S，单位是 $kg \cdot m^{-2}$。翼载荷越大的飞机自重偏大，额外能装载的设备与重物更少。

2.2.7　飞行知识扩展知识点

翼展越大，地面效应对飞机起降影响越明显，操纵航空模型与无人机时，起飞时感觉飞机更容易从地面上拉起来。降落时飞机能在接近地面的高度获得更大升力，飘得更远。降落时为了适应地面效应带来的升力变化，应尽量采用较长的下滑距离和慢慢减速的方法，以平稳降落。

2.3　飞机的稳定性

飞机在飞行中，经常会受到气流和飞行员操纵的干扰，这些干扰会使飞机偏离原来的平衡状态。飞机的稳定性是指，在飞行中如果飞机因受到干扰而变得不平衡，在干扰消失以后，不经飞行员操纵，飞机能自动恢复平衡的特性。

如果飞机能自动恢复平衡，则说明飞机是稳定的；如果不能自动恢复或者越飞越偏，则说明飞机是不稳定的。

飞机在空中飞行，升降舵控制俯仰运动，方向舵控制偏航运动，副翼控制滚转运动，飞机的稳定性也按照这三个方面分别划分为纵向稳定性、航向稳定性和横向稳定性。

2.3.1　纵向稳定性

纵向稳定性是指飞机受扰动抬头或低头后，机头自动恢复到水平位置的特性，重心相对机翼升力作用中心越靠前，纵向稳定性越好，如图2-23所示。

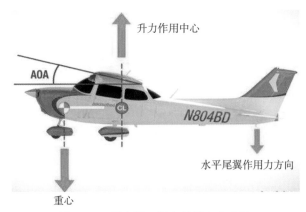

升力作用中心

AOA

水平尾翼作用力方向

重心

图2-23　固定翼飞机力的纵向稳定性

请思考1：固定翼的重心为何要位于升力中心之前？重心、升力与尾翼产生的作用力是如何维持飞机平衡的？

请思考2：在日常生活中，我们见到的杆秤（见图2-24）与固定翼飞机的平衡有什么类似之处？

"升力"

尾部配平　　重心

图2-24　杆秤受力分析

2.3.2　航向稳定性

航向稳定性是指飞机受扰动，机头指向发生左右偏移后，能自动回到原来航向的特性（见图2-25），飞机的垂尾可以保证航向稳定性，使飞机航向准确。不发生左右偏移。一般来讲，增大垂尾面积有助于提高航向稳定性。

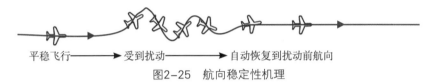

平稳飞行───→　受到扰动───→　自动恢复到扰动前航向

图2-25　航向稳定性机理

2.3.3　横向稳定性

横向稳定性是指飞机受到扰动向左、右倾斜后，自动减轻或消除倾斜的特性，如图2-26所示。机翼具有上反角的飞机和上单翼飞机横向稳定性更好。

升力方向

上反角α

正常飞行时，两边机翼升力相等

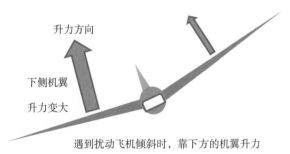

升力方向

下侧机翼
升力变大

遇到扰动飞机倾斜时，靠下方的机翼升力

变大，产生力矩使飞机恢复水平

图2-26　横向稳定性机理

第3章 航空模型理论基础及制作材料和工具

3.1 航空模型分类

3.1.1 航室模型的操纵形式

对于航空模型的分类，一直没有明确的界定。根据航空模型操纵形式的不同，通常可将其分为3大类：自由飞行类、线操纵圆周飞行类和无线电遥控飞行类。国际航空联合会（简称"国际航联"）将这3类模型分别编号为F1、F2、F3。这3类模型又各自设有子项目。国际航联针对航空模型制定的分类项目代号，以F开头，以数字代表控制方式，以英文代表竞赛项目。

1.自由飞行类

F1类自由飞行类航空模型有世界自由飞行航空模型锦标赛，它是由国际航联主办的航空模型世界锦标赛之一，每两年举行一次。它的比赛项目主要有F1A–国际级牵引模型滑翔机、F1B–国际级橡筋航空模型和F1C–国际级活塞发动机航空模型三项留空时间比赛。每个参赛国家（地区）的每个项目可派3名选手参加，包括个人和单项团体赛。

2.线操纵圆周飞行类

F2线操纵圆周飞行类航空模型是航空模型运动开展较早的项目，在飞行过程中，运动员在地面通过规定直径和长度的操纵线，改变航空模型的飞行高度和姿态，围绕自己做圆周飞行或特技飞行。比赛项目主要有F2A–国际级线操纵竞速航空模型、F2B–国际级线操纵特技航空模型、F2C–国际级线操纵小组竞速航空模型以及F2D–国际级线操纵空战航空模型。

线操纵航空模型是人类历史上第一种可以直接控制的航空模型。它具有操纵性好、观赏性好和经济等优点。线操纵航空模型竞速比赛对发动机的要求比较严格，须使用组织者提供的燃料，并且对操纵线也有要求。飞行成绩以速度（单位为km/h）表示。每次比赛可进行三次正式飞行，取最好成绩作为正式比赛成绩。

3.无线电遥控飞行类

F3无线电遥控飞行类航空模型的控制方式是，地面的运动员仅通过无线电遥控航空模型改变其飞行轨迹。国际航联对无线电遥控飞行类航空模型的分类很多，主要有F3A-国际级发动机特技航空模型、F3B-国际级遥控模型滑翔机、F3C-国际级直升机模型、F3D-国际级绕标竞速航空模型、F3F-国际级山坡牵引滑翔机、F3C-国际级动力滑翔机以及F3H-国际级越野滑翔竞速模型。

3.1.2　航空模型的动力驱动方式

现代航空模型按动力驱动方式分为电动航空模型、活塞发动机航空模型、涡喷发动机航空模型、橡筋动力航空模型和无动力模型滑翔机等。

3.1.3　航空模型的模型类型

按模型类型分，航空模型主要有多旋翼（多轴）飞行器、固定翼飞行器、航空模型直升机和无动力滑翔机等。

1.多旋翼飞行器

多旋翼飞行器（见图3-1）的工作原理是电动机带动螺旋桨产生升力，并通过调节成对出现或以对称形式出现的螺旋桨转速，产生转矩和升力，控制飞行器运动，包括俯仰、横滚和航向。目前，常见的多旋翼飞行器包括：四轴四旋翼飞行器、六轴六旋翼飞行器以及八轴八旋翼飞行器。多旋翼飞行器的特点是结构简单、飞行稳定、便于控制，可以在空中保持定点悬浮，在飞行控制器的配合下可以完成定点巡航、拍摄、探测、消防以及农业种植等任务，近年来取得了较大发展。

图3-1　多旋翼飞行器

2.固定翼飞行器

固定翼飞行器泛指比空气重，由动力装置驱动，机翼固定在机身上且不会相对机身运动，靠空气对机翼上、下表面的压力差形成的升力飞行的航空器，是目前最常见的航空器之一。固定翼飞行器如图3-2所示。

图3-2　固定翼飞行器

3.航空模型直升机

航空模型直升机（见图3-3）是将真实的直升机按照一定比例缩小，并对其外观和内部主要结构做一定程度简化和调整的模型，它与真实的直升机有很多相通之处，直升机发动机驱动旋翼提供升力，将直升机悬在空中，单旋翼直升机的主发动机同时也输出动力至尾部的小螺旋桨，机载陀螺仪能侦测直升机回转角度并反馈至尾桨，调整尾桨的螺距，可以抵消不同转速下主螺旋桨产生的反作用力。双旋翼直升机通常采用旋翼相对反转的方式来抵消旋翼产生的不平衡升力。航空模型直升机的特点是机动性高、速度快，许多航空模型玩家喜欢使用航空模型直升机完成高难度技术动作。

图3-3　航空模型直升机

4.无动力滑翔机

无动力滑翔机（Discus Launch Glider，DLG）是一种没有动力装置，且重于空气的固定翼飞行器（见图3-4），它可以由飞机拖曳起飞，也可用绞盘车或汽车牵引起飞，还可从高处的斜坡下滑到空中。在无风的情况下，滑翔机依靠自身重力的分量获得前进动力。在上升气流中，滑翔机像雄鹰展翅那样平飞或升高的飞行常被称为翱翔。滑翔和翱翔是滑翔机的基本飞行方式。

图3-4　无动力滑翔机

3.2　航空模型机载电子设备

3.2.1　无刷电机及其工作原理

1.无刷电机简述

无刷电机是航空模型中应用较多的发动机，自从其问世以来，就受到广大航空模型爱好者的喜爱，不仅在航空模型方面，而且在电动遥控车方面也有广泛应用。无刷电机的优点包括使用寿命长、转速控制严格、适用范围广、可控性强、操作效果好、节能以及基本不需要日常维护等。无刷电机的缺点包括需要配合相对应的电子调速器使用以及不能在高磁场环境下工作。

2.无刷电机工作原理

电机可以转动是因为电机内线圈产生周期变化的磁场，电磁力使转子转动。线圈内的磁场方向与电流方向有关，每改变一次磁场方向，称之为换向。无刷电机最显著的特征是有三条导线，电子调速器控制电机内定子线圈换向，使电机转动，其工作原理如图3-5所示。

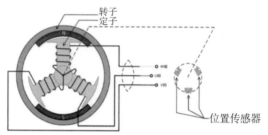

图3-5　无刷电机工作原理

3.无刷电机KV值

KV值的意义是电压增加1 V时转速的增加值，如1 600 KV表示电压为1 V时，转速有1 600 r·min^{-1}，电压为10 V时则转速有16 000 r·min^{-1}，依此类推。

请思考1：一枚标注为1 400 KV的电机在12 V的电压下工作时，转速为多少？

解析：转速=1 400×12=16 800 r·min^{-1}。

4.KV值与桨叶匹配关系

单由KV值，不能判断电机的好坏，因为不同KV值有不同的适用场合。若要达到同样的推力，KV值小的电机，要比KV值大的电机省电，所以四轴飞行器多使用小KV值的电机；同样的设备质量（电机、电调、电池），KV值大的电机，得到的最大推力要大于KV值小的电机。

同样的电机，不同的KV值，用的螺旋桨也不一样。每个电机都有一个尺寸最佳匹配的螺旋桨，该尺寸螺旋桨飞行效率最高。通常情况下，相同的电机和电池，大KV值用小尺寸的螺旋桨，小KV值用大尺寸的螺旋桨。相对来说，螺旋桨配得过小，不能发挥最大推力；螺旋桨配得过大，电机会过热，会造成电机退磁，导致电机性能永久下降。

3.2.2　电子调速器

电调是电子调速器（Electronic Speed Controller，ESC）的简称，它与无刷电机相匹配，根据遥控器油门摇杆控制信号，调节电动机的转速。

电调有大小之分，标注有最大使用电流，必须根据电机的功率等参数来选择与之匹配的电调。无刷电调实物图如图3-6所示。

电调的连接（见图3-7），一般情况下有以下方式：

（1）电调的输入线（红、黑两根线）与电池连接。

（2）电调的输出线（三根粗线）与电机连接。

（3）电调的信号线（红、黄、褐三根细线）与接收机连接。

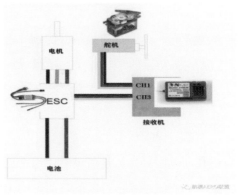

图3-6　无刷电调实物图　　　　　　　图3-7　电调的连接

电调一般有电源输出功能，即在信号线的正、负极之间，有5 V左右的电压输出，通过信号线为接收机供电，接收机再为舵机等控制设备供电。

电调的输出为四个舵机供电是没问题的，因此，电动的飞机，一般都不需要单独为接收机供电，除非舵机很多或对接收机电源有很高的要求。

须注意，首次使用电调或更换遥控器时，需要重新设定油门行程，并且切记在设置电调时，要拆下螺旋桨，以免电机突然转动发生意外。具体操作为将油门摇杆推至最大，飞机通电，电机发出"滴滴"两声后油门关闭，则设置完成。

3.2.3　舵机

舵机（见图3-8）是一种位置（角度）伺服驱动器，最早用于船舶，实现其

转向功能，在航空模型中主要用来控制舵面，
与舵机相连接的是拉杆和舵角，舵角固定在舵面
上，舵机转动从而带动舵面转动，最终获得对各
个方向的控制。

图3-8　舵机

3.2.4　舵臂

舵机是航模控制动作的动力来源，而舵机
必须通过配套的舵臂（见图3-9）连接被操控对
象。舵臂安装于航模舵机的输出轴上，是连接舵
机与连杆的部件，可将动力从舵机输出轴传给
舵面。

舵臂上有一排用于连接拉杆的圆孔，越靠近
中间的孔，其对应的半径越小，所操纵舵面的摆
动幅度更小，舵面运动相对不太灵敏。

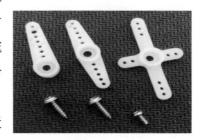

图3-9　舵臂

3.2.5　舵角与拉杆

舵角（见图3-10）是航模上常用于连接和控
制舵面的一个部件，它可以使舵面做一定角度运
动从而控制飞机的飞行姿态。舵角安装于被操控
的舵面上，其上也有一排用于安装拉杆的圆孔，
各个圆孔的区别与舵臂相同。舵臂一般与舵角安
装面呈90°，并且两者之间的连接拉杆不能太
软。安装方法如下。

图3-10　舵角

（1）在机翼上对应位置找到安装的短槽。

（2）将舵角插入对应的槽，反面用舵角扣扣住。

（3）用胶枪固定塑料舵角，将舵角扣和舵角固定在一起。

航模拉杆（见图3-11）用于连接舵臂和舵角。在装配过程中，一定要拔下
舵臂，舵机通电回到中立位置之后，再插上舵臂。安装角度轻微偏移后，通过遥
控器上的微调进行调整。

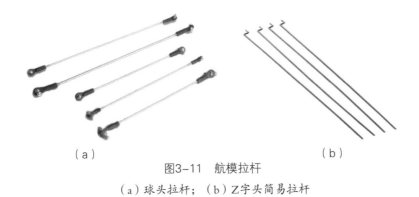

（a）　　　　　　　　　　　　　（b）

图3-11　航模拉杆

（a）球头拉杆；（b）Z字头简易拉杆

舵机、舵臂、拉杆和舵角的连接可确保连接孔位虚位最小，图3-12所示为常见的拉杆连接实物图。

图3-12　常见的拉杆连接实物图

3.3　航空模型制作工具介绍

3.3.1　刀具

1.美工刀

美工刀（见图3-13）俗称壁纸刀，制作航空模型时经常使用，在市场中也容易买到，美工刀主要用于切割木片、木条、各种纸张、胶带和薄板，也用于切削、修整等。美工刀的使用方法很简单，通常只使用刀尖部分，因为刀身很脆，所以使用时不要将刀身伸出过长。在使用时一定要注意安全。

图3-13　美工刀

2.刻刀

刻刀（见图3-14）主要有木把刻刀和可更换刀片的尖刻刀，刻刀的刃型分为平口形、圆口形、一字形和V形等。木把刻刀主要用来刻槽、挖孔。可更换刀片的尖刻刀用来切割薄板、纸片和木片等。

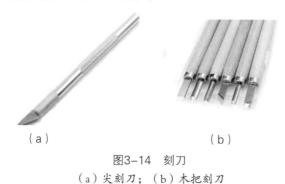

（a）　　　　　　　　　　　　　　　　（b）

图3-14　刻刀

（a）尖刻刀；（b）木把刻刀

3.剪刀

制作航空模型时，一般使用普通的家用剪刀来剪布、线和薄板，小一些的剪刀用来剪纸和蒙皮等。剪铝片、铜片则需要铁剪刀，一般在实验室中选用小号铁剪刀即可，如图3-15所示。

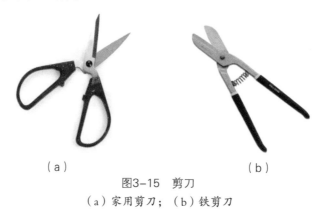

（a）　　　　　　　　　　　　　　　　（b）

图3-15　剪刀

（a）家用剪刀；（b）铁剪刀

4.锯

在实验室中，主要使用木锯、手工锯和线锯（见图3-16）。木锯主要用来锯木头，包括具有一定厚度的木板、直径稍小的木棍等。手工锯主要用来锯金属、塑料等硬度较大、强度较高的材料。线锯主要用来锯小而薄的木材、塑料，甚至锯铜、铁、铝等金属薄板。

由于被加工材料不同，选用锯条的材料、粗细，锯齿的形状和疏密都不相同。须根据材料的大小来选择锯的型号，锯条的松紧程度一定要适宜，以防止锯条崩断，使用锯的时候一定要注意安全。

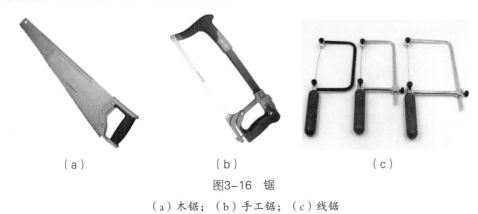

（a）　　　　　　　　（b）　　　　　　　　（c）

图3-16　锯

（a）木锯；（b）手工锯；（c）线锯

3.3.2　量具

1.尺

（1）钢直尺、三角尺、卷尺。钢直尺在实验室中比较常见，它在航空模型制作中的主要作用是大致测量长度（精确度在毫米级别）。三角尺的作用与钢直尺相近，它还有一个独特的作用——由于三角尺一个角是90°，另外两个角是45°，所以它可以作为角度确定的标准。卷尺的主要作用是大致测量较长的距离，精确度较差，如图3-17所示。

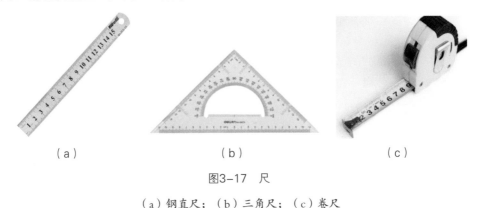

（a）　　　　　　　　（b）　　　　　　　　（c）

图3-17　尺

（a）钢直尺；（b）三角尺；（c）卷尺

（2）游标卡尺和千分尺。游标卡尺和千分尺（见图3-18）可以比较精确地测量长度、厚度、深度和直径等，在航空模型的制作中也是比较常用的。游标卡尺和千分尺要存放在洁净、干燥的环境中，擦拭干净并涂上防锈脂或防锈油（无腐蚀性）后归零保存。

（a）　　　　　　　　　　　　　　　　（b）

图3-18　游标卡尺和千分尺

（a）游标卡尺；（b）千分尺

（3）水平尺。水平尺（见图3-19）主要用来检测或测量物体的水平度和垂直度。利用水平尺上的水平泡，检验、测量调试设备是否安装水平，亦可用于工业工程的施工。在航空模型的制作中，水平尺的主要作用是检测机身、机翼和尾翼等之间的相对水平程度。水平尺容易保管，悬挂或平放都可以，不会因长期平放对其精度产生影响。使用期间不用涂油，长期不使用时，应薄薄地涂上一层工业油。水平尺有多种规格，长度为10～250 cm，一般地，实验室中可以准备两个，小一些的长度为20～50 cm，大一些的长度为50～80 cm为宜。

图3-19　水平尺

3.3.3　秤

秤（见图3-20）普遍存在于实验室中，实验室中的秤可以分为较大量程和较小量程两种。一般选用体重秤作为较大量程的秤，选用0～5 kg的电子秤作为较小量程的秤。在实验室中，经常要计算航空模型及其各个零部件的质量。使用秤进行测量，能更好地把握航空模型的质量。

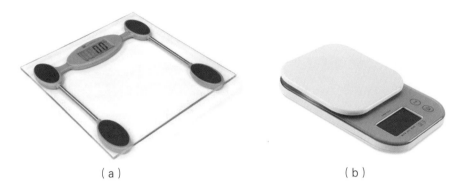

（a）　　　　　　　　　　　　　　　　（b）

图3-20　秤

（a）体重秤；（b）小型电子秤

3.3.4　五金工具

市面上常见的五金工具（见图3-21）有很多种，根据所起的作用可以分为扳手类、夹持类和其他工具等。

图3-21　常见的五金工具

1.扳手类

扳手是一种常见的手工工具，多用于零部件的安装与拆卸。扳手通常用碳素结构钢或者合金结构钢制造。扳手的型号与螺栓、螺钉和螺母的型号相对应。

（1）内六角扳手。内六角扳手（见图3-22）是呈L形的六角棒状扳手，专用于旋拧内六角螺钉。

（2）活口扳手。活口扳手（见图3-23）的开口宽度可在一定尺寸范围内进行调节，能旋转不同规格的螺栓或者螺母。在航空模型的制作中，一般使用中、小型号扳手。

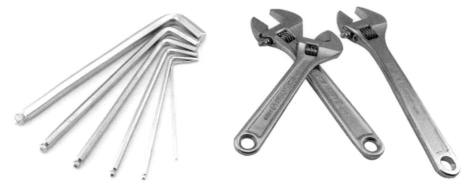

图3-22　内六角扳手　　　　　　　　图3-23　活口扳手

（3）普通扳手。普通扳手（见图3-24）也称为呆扳手，一般在其两端有固定尺寸的开口，与相对应的螺栓或螺母配合使用。

图3-24　普通扳手（套装）

2.夹持类

在实验室中，需要使用的夹持类工具主要是各种钳。钳是夹持、固定加工工件，或者扭转、弯曲、剪断金属丝线的手工工具。较为常见的钳有平嘴钳、尖嘴钳（见图3–25）、斜嘴钳等。

图3–25　尖嘴钳

在航空模型制作过程中，常用的钳有Z字钳、剥线钳和卡簧钳，如图3–26所示。Z字钳主要用来拧钢丝，使钢丝呈Z字形状；剥线钳主要用来剥除导线外层软管，使金属丝外露，便于连接、焊接等；卡簧钳主要用来夹持主卡簧，在航空模型的制作中主要用于电动机、电线的简单连接及一些电子器械的维修。

在航空模型制作过程中，还会用到一些其他钳，如压线钳、虎钳和铆钉钳。压线钳主要用于压制导线接线端子。虎钳用来夹稳工件，以便于加工工件，一般装置在工作台上，实验室一般配有小型虎钳。铆钉钳配合铆钉使用，主要用于金属、纤维、皮革和塑料等材料的连接和紧固。

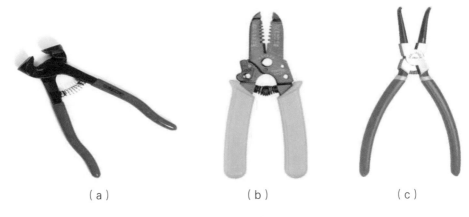

（a）　　　　　　　　　　（b）　　　　　　　　　　（c）

图3–26　钳

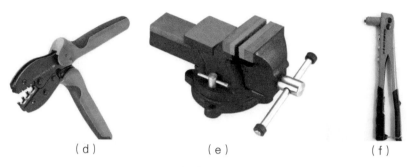

（d） （e） （f）

续图3-26 钳

（a）Z字钳；（b）剥线钳；（c）卡簧钳；（d）压线钳；（e）虎钳；（f）铆钉钳

3.其他工具

（1）锉刀。锉刀是对材料表层进行微量加工的工具。在航空模型的制作中，主要是对木料和金属进行加工。一般来说，在实验室中经常用到小型什锦锉刀，如图3-27所示。

锉刀刀齿的粗细要根据被加工工件的加工余量大小、加工精度和材料性质等来选择。锉刀的尺寸规格应根据被加工工件的尺寸来选择。锉刀的断面形状应根据被加工工件的形状来选择。不可用新锉刀锉硬的生铁和钢，否则锉刀会磨钝；不可用细锉刀锉软金属，软金属的锉屑容易嵌入锉齿齿槽中，从而使锉刀在工件表面打滑；不可将锉刀堆放在一起，以免碰坏锉齿；不可使锉刀沾水或将其放在潮湿的地方，以防锈蚀。

（2）模型扩孔器。模型扩孔器（见图3-28）可以用来扩桨孔、航空模型头壳、机身壳和舵机摇臂孔等。模型扩孔器不仅在航空模型的制作中使用，在其他模型的制作中也常使用。

图3-27 小型什锦锉刀 图3-28 模型扩孔器

（3）钻头、丝锥和板牙。钻头安装在台钻或手持钻上，用于钻孔。丝锥和板牙都是用于加工螺纹的工具，丝锥是一种加工内螺纹的螺纹加工工具；板牙是一种加工或修正外螺纹的螺纹加工工具，板牙相当于一个具有很高硬度的螺母，螺孔周围有几个排屑孔，一般在螺孔的两端有切削锥。按照日常的工作需求，加工不同规格的螺纹，需要的丝锥、板牙不但只有一种，而且丝锥或板牙的规格都是固定不可调节的。为了方便使用，丝锥和板牙都是成套的。根据使用要求，丝锥板牙组套由几个或者十几个丝锥和板牙、丝锥扳手和板牙架组成，如图3-29所示。

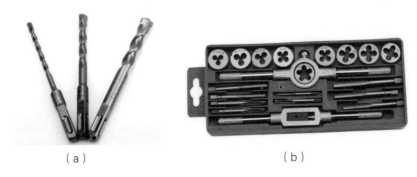

（a）　　　　　　　　　　　　　　　　（b）

图3-29　钻头、丝锥和板牙

（a）钻头；（b）丝锥和板牙

（4）锤子。锤子是一种击打工具。羊角锤和普通小铁锤是两种常用的锤子（见图3-30），羊角锤也称为起钉锤，它的一面可以用来敲击，另一面可以用来拔出螺钉。普通小铁锤方头的一面经常使用，它的主要作用是敲击螺钉或其他部位。

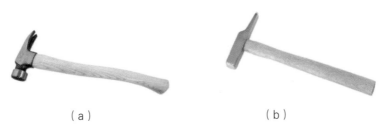

（a）　　　　　　　　　　　　　　　　（b）

图3-30　锤子

（a）羊角锤；（b）普通小铁锤

（5）镊子。镊子（见图3-31）是航空模型制作与维修中经常使用的工具，常常用它夹持导线、电子元件及细小的螺钉等。使用时应注意不可将其加热，不可夹酸性物品，用完后必须清理干净。实验室中一般要准备直头镊子、平头镊子和弯头镊子各一把，以备在不同的情况下使用。

（6）螺钉旋具。螺钉旋具主要用来旋紧和旋松螺钉，常用的螺钉旋具包括十字形和一字形两种。螺钉旋具是实验室中常用的工具之一，如图3-32所示。

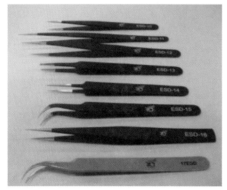
图3-31　镊子

图3-32　螺钉旋具

3.3.5　电热工具类

（1）电烙铁。电烙铁是电子线路制作和电器维修的必备工具，其主要用途是焊接电子元件及导线。电烙铁的规格有：20W、50W、75W、100W和200W等。一般选用20W规格的焊接电路；焊接电池要选用功率稍大的，如50W或75W。电烙铁一般要与电烙铁架、焊锡和焊锡膏等搭配使用，如图3-33所示。

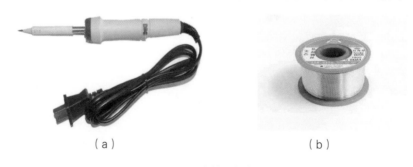
（a）　　　　　　　　　　　　　　（b）
图3-33　电烙铁和焊锡
（a）电烙铁；（b）焊锡

（2）热风枪。热风枪（见图3-34）的主要作用是提供热源，满足制作需要，热风枪和热缩管应配合使用，热缩管在导线连接处遇热缩紧，达到绝缘的效果；热风枪用来弯曲或熔接塑胶，清除旧漆。此外，也可使用热风枪进行焊接、镀锡以及熔接黏胶等。实验室中一般均配有热风枪。

（3）蒙皮电熨斗。蒙皮电熨斗（见图3-35）的主要作用是熨烫蒙皮，使蒙皮与机身或机翼及其他需要蒙皮的部分黏结起来。选用制作航空模型专用的小型电熨斗最好，既可以选用控温旋钮式蒙皮电熨斗，也可以选用温度显示式蒙皮电熨斗，可调控温度，制作时更为方便。

图3-34　热风枪　　　　　　　　　　图3-35　蒙皮电熨斗

（4）热熔胶枪。热熔胶在实验室中较为常用，它具有强度高、使用方便等优势，可用于木材、KT复合板、塑料、金属、皮革以及电子元器件等互黏固体。应配备大、小两种型号热熔胶枪，并且要多准备些胶棒备用，如图3-36所示。

图3-36　热熔胶枪和胶棒

3.3.6　耗材

1.胶类

胶类主要指各类胶水，胶水用于黏结材料，主要使用502快速黏结胶水、AB胶、白乳胶、螺钉胶、泡沫胶以及环氧树脂胶等。

（1）502快速黏结胶水。502快速黏结胶水（见图3-37）是实验室中较为常用的胶水，502快速黏结胶水具有黏着迅速，瞬间胶黏的功效。在航空模型的制作中，一般用来黏结受力不大的位置，如翼肋与前后缘连接的位置、翼肋与翼梁连接的位置等。正确的黏结方式是将要黏结的两个物体合在一起，将胶水沿缝隙滴进去。使用时应谨慎操作，以防皮肤、衣物等被黏着，该黏结胶水的蒸气会刺激眼睛。

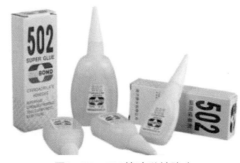

图3-37　502快速黏结胶水

（2）AB胶。AB胶（见图3-38）是两液混合硬化胶，A液是本胶，B液是硬化剂，实验室经常使用的AB胶俗称"哥俩好"。AB胶是一种慢干型胶水，有一定的填充效果，黏结强度高、韧性好，因此常用来黏结上反角等受力较大的位置。AB胶要混合使用，且须保持一定比例，使用时应注意涂抹均匀，并施加一定作用力使其黏结牢靠。

（3）白乳胶。白乳胶（见图3-39）是用途广、用量大、历史悠久的水溶性黏结剂。它主要用于木材之间的黏结，在航空模型的制作中主要用于大件木材之间的黏结。

（4）螺钉胶。螺钉胶（见图3-40）又称为螺钉固定剂或厌氧胶。螺钉胶可以让螺钉在作业中不会脱落，还有防锈作用。在航空模型的制作中，螺钉胶主要用于一些重要螺钉的加固。不同型号的螺钉胶，适用于不同的情况。对于机身震动比较大的部位，尤其要注意使用螺钉胶防松。

　　图3-38　AB胶　　　　　　　图3-39　白乳胶　　　　　　图3-40　螺钉胶

　　（5）泡沫胶。泡沫胶（见图3-41）适用于各种软质材料之间的黏结，或软质材料与硬质材料之间的黏结。例如，泡沫、海绵、皮革、KT复合板、塑料膜和软质纤维等软质材料与铁皮、铝板、玻璃和木材等硬质材料的互黏。在航空模型的制作中，泡沫胶主要用于泡沫航空模型的黏结。

　　（6）环氧树脂胶。环氧树脂胶（见图3-42）广泛地应用于黏结各种金属和非金属材料。环氧树脂胶和辅胶固化剂按比例混合均匀，根据不同用途的要求，可在混合树脂中添加适量的填充剂，用以固化。在航空模型制作中，环氧树脂胶主要用于机身和机翼连接处的硬化，配合玻纤布和碳纤布使用，还可以用于机身的硬化。

　　图3-41　泡沫胶　　　　　　　　图3-42　环氧树脂胶

2.胶带

在实验室中常用的胶带有透明胶带、纤维胶带和电工胶带等，如图3-43所示。纤维胶带适用于强度需求较高的部件固定，电工胶带用于包裹裸露金属部件，对其做绝缘处理。

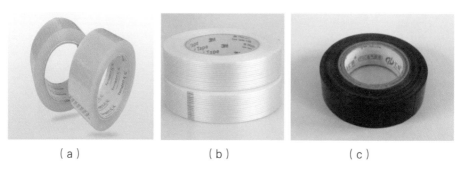

（a） （b） （c）

图3-43 胶带

（a）透明胶带；（b）纤维胶带；（c）电工胶带

3.砂纸

砂纸（见图3-44）主要用来打磨金属、木材等表面，以使其光洁、平滑。

4.橡皮筋

橡皮筋（见图3-45）一般用于机翼与机身的连接和固定。

5.热缩管

热缩管（见图3-46）是一种特制的聚烯烃材质热收缩套管，广泛应用于各种线束、焊点和电感的绝缘保护。一般热缩管的收缩比例是2∶1。热缩管一般有内、外两层，外层一般采用聚烯烃材料加工而成，外层材料有绝缘、防蚀和耐磨等特点；内层材料有低熔点、防水密封和高黏结性等优点。

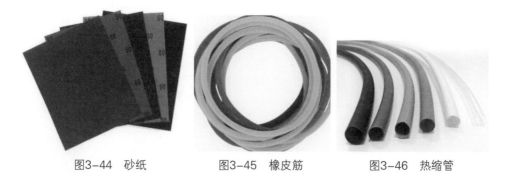

图3-44 砂纸 图3-45 橡皮筋 图3-46 热缩管

第 4 章 多旋翼无人机

4.1 多旋翼无人机的定义及特点

多旋翼无人机是指具备三个及以上旋翼轴的无人驾驶飞行器，多旋翼无人机通过每根轴上固定的电机带动旋翼转动，从而产生拉力。多旋翼飞机与传统单旋翼直升机最明显的区别不仅是旋翼数量不同，而且其旋翼的螺距是固定的，而传统单旋翼直升机的螺距是可变的。多旋翼无人机通过改变不同旋翼之间的转速来操控飞行器的运动方向。近年来，随着无人机技术的飞速发展，我们时常可以在影视拍摄、农林植保、警用和电力巡检等场景中看见多旋翼无人机的身影。

多旋翼无人机优缺点鲜明，优点：①结构简单可靠，成本低廉；②依靠旋翼飞速旋转产生升力，无需助跑起飞，具有固定翼飞机不具备的垂直起降功能，对起降场地条件要求很低；③旋翼反扭力两两相互抵消，飞行过程中姿态控制灵活且稳定，控制难度低，适合低空、低速、低门槛的民用领域飞行。缺点：①气动外形很差，无法借助气流产生升力，只能依靠自身动力系统提供全部升力，导致能量消耗巨大，飞行效率低下，通常只能进行短距离飞行；②安全性较差，在动力丧失（电机停转）等情况下飞行器不具备自转下滑的迫降能力。

4.2 多旋翼飞行器控制原理

多旋翼无人机大幅降低了无人机的使用门槛，使得民用无人机在世界范围内开始普及，其中消费级无人机布局最常见的就是四旋翼，接下来我们就以X布局四旋翼飞行器为例，介绍多旋翼飞行器的基本飞行控制方式。

4.2.1 平稳飞行

多旋翼飞行器要想平稳飞行，首先需要克服旋翼高速旋转产生的反扭力，之前我们讲到，固定翼飞行器通过螺旋桨的右下拉安装角以及机翼在高速气流中的稳定性克服反扭力，单旋翼直升机依靠尾桨控制反扭力，而多旋翼飞行器则是靠两两对应的正反转电机来相互抵消反扭力。

在通常情况下，多旋翼正转电机与反转电机数量相等，任意相邻两个电机转向相反，规定逆时针旋转方向电机为正转电机（Counter Clockwise，CCW），顺时针旋转方向电机为反转电机（Clockwise，CW），飞机右前方第一个电机为正转电机，螺旋桨也有正转和反转的桨形之分，如图4-1所示。在安装螺旋桨之前一定要注意螺旋桨的安装位置。

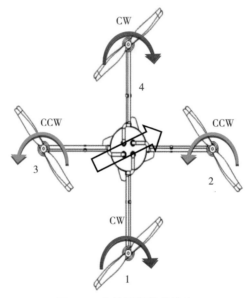

图4-1　多旋翼螺旋桨转向

多旋翼飞行器与固定翼飞行器控制方式类似，遥控器通过副翼舵、升降舵、油门和方向舵这四个通道进行飞行控制。

4.2.2　副翼舵

副翼舵与固定翼飞行器类似，用于控制飞机坡度，以向右压副翼舵控制机身向右滚转为例，飞机绕x轴向右进行滚转运动。电机动作：向右进行滚转时，机身左侧3、4号电机加速，右侧1、2号电机减速，使机身左侧上抬，右侧下沉，形成滚转动作。由于正反转电机同时加、减速，因此反扭力合力依然为0，如图4-2所示。

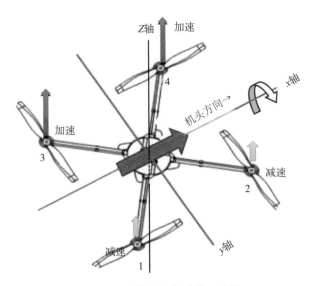

图4-2 多旋翼电机动作示意图1

4.2.3 升降舵

升降舵与固定翼飞行器类似，用于控制飞机俯仰运动，以向前推升降舵控制机身下俯向前飞行为例，飞机绕y轴向前进行滚转运动。电机动作：向前下俯低头时，机身后方1、3号电机加速，前方2、4号电机减速，使机身低头下俯。由于正反转电机同时加、减速，因此反扭力合力依然为0，如图4-3所示。

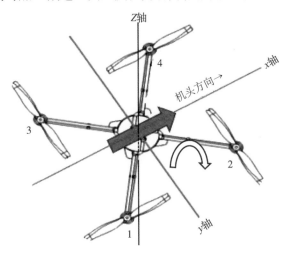

图4-3 多旋翼电机动作示意图2

4.2.4 油门

多旋翼飞行器油门的使用与固定翼飞行器略有不同，它既能控制飞机前进的动力，也能控制飞机升力的大小，以向前推油门控制飞机上升为例，飞机沿z轴垂直向上爬升。垂直向上爬升时，1、2、3、4号电机同时加速，使飞机垂直爬升。由于正反转电机同时加速，因此反扭力合力依然为0，如图4–4所示。

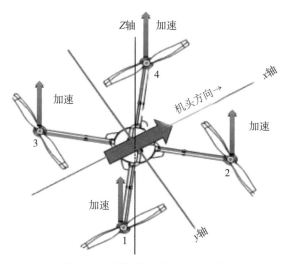

图4–4　多旋翼电机动作示意图3

4.2.5 方向舵

方向舵控制与固定翼飞行器类似，控制飞机的左右偏航运动，以向右打方向舵控制飞机向右旋转为例，飞机绕z轴向右旋转。向右旋转时，2、3号正转（逆时针旋转CCW）电机加速，1、4号反转（顺时针旋转CW）电机减速，反扭力合力朝顺时针方向，使飞机向右旋转，如图4–5所示。

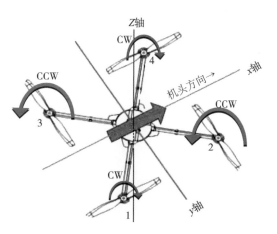

图4–5　多旋翼电机动作示意图4

4.3　教学用竞速多旋翼组成

在熟悉多旋翼的飞行操作之前，我们先要学习它的构造、各个部件的功能与安装方式，最终做到能够熟练地组装和调试一架教学用多旋翼飞机。

我们先来认识竞速多旋翼飞机的大致结构组成，如图4-6所示。

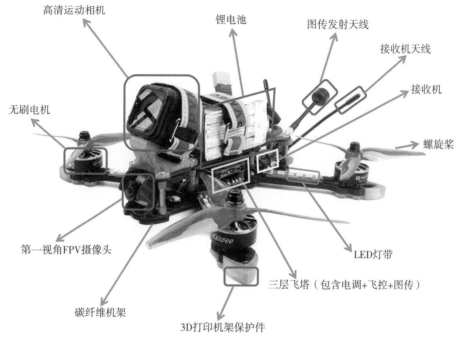

高清运动相机　锂电池　图传发射天线

接收机天线

接收机

无刷电机

螺旋桨

第一视角FPV摄像头

LED灯带

三层飞塔（包含电调+飞控+图传）

碳纤维机架

3D打印机架保护件

图4-6　竞速多旋翼飞机的大致结构组成

4.3.1　机架

机架是飞机的骨架，作用是承载所有机载设备，同时对机载设备具有非常强的保护作用，常见的机架材质为碳纤维，具有质量轻、强度高、不易发生形变以及耐摔等特性。机架的设计不同，其飞行性能亦不相同。在组装一架多旋翼飞机之前，我们先要完成机架底板及机臂的组装。

1.尺寸

首先我们来讲讲尺寸，一般用"轴距"表示机架大小，轴距就是对角的两个电机旋转轴之间的间距。如图4-7所示，这架多旋翼机架的轴距为225 mm。但现在更多流行使用"x寸机"来指代机架的尺寸大小，例如"5寸机"，这里的

"寸"指的不是机架的大小，而是指与之匹配的螺旋桨大小，也就是说这个机架是为5寸螺旋桨设计的，所以称之为5寸机。

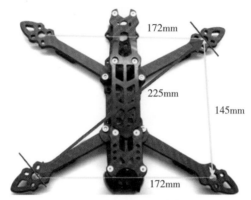

图4-7　多旋翼机架实物图

2.性能

四旋翼机架的布局主要有以下几种形式（见图4-8）：①正X型：各方向力矩对称，操控手感一致性强，操控灵活、稳定。竞速飞行与花式飞行均适用，适合新手；②异型机架：为第一人称主视角（First Person View，FPV）摄像头提供更好的视野，拍摄画面不会受到螺旋桨遮挡，飞行性能侧重于转弯，通常用于花式飞行；③宽X型：横滚方向稳定，但是不够灵活，并且相对来说飞得不快。宽X型在横滚方向的力臂长，电机产生相同的力，对应的力矩就大，对抗一些扰动，飞控更容易调节。但是因为力臂长，飞机横滚灵活性相对不够。因为俯仰方向的力臂较短，所以前飞的加速相对不快。适合新手；④长X型：俯仰方向稳定，横滚方向灵活；⑤十字型：稳定性不强，目前很少使用。

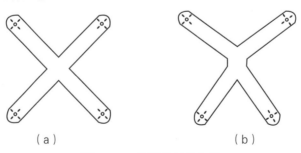

（a）　　　　　　　　　　　　　　（b）

图4-8　四旋翼机架的布局

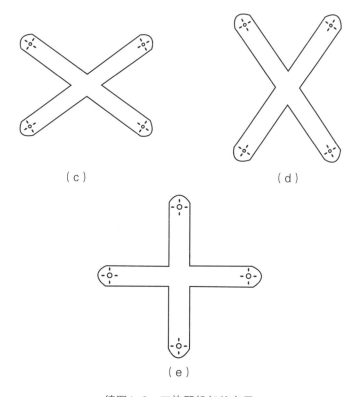

续图4-8 四旋翼机架的布局

（a）正X型；（b）异型机架；（c）宽X型；（d）长X型；（e）十字型

4.3.2 飞塔

飞塔是对"飞控+四合一电调+图传"的简称。三块电路板通过螺丝、减震垫和垫圈等叠加在一起形成像塔一样的形状，故常被飞手称之为"飞塔"，在完成第一步底层机架的组装后，下一步将安装飞塔至机架。

1. 电调

电调全名为电子调速器（Electronic Speed Control，ESC），作为电动无人机动力系统的主要构成部件，其主要功能为，根据飞控发出的信号指令控制电机转速。传统小型四旋翼的四个电机分别使用四个独立电调来控制电机转速，随着技术进步，主流的小型四旋翼电调将四个电调集成在一块电路板上，我们称集成后的电调为四合一电调，它为装机走线提供了便捷，但价格相较于传统电调高。选择电调型号前，先要清楚飞机动力配置，电调允许通过的最大电流必须大于电机工作时的最大电流，电调适配的电压区间与动力电池相吻合，如图4-9所示。

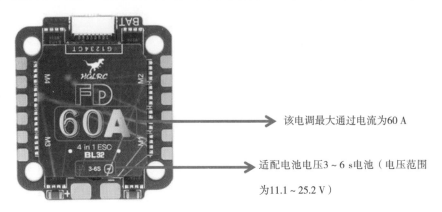

该电调最大通过电流为60 A

适配电池电压3~6 s电池（电压范围为11.1~25.2 V）

图4-9　四合一电调

四合一电调安装于飞塔最下面一层。安装时，电调与碳纤维机架底板之间使用减震绝缘硅胶垫，以避免电调在飞机撞击时震动过大导致变形损坏，同时碳纤维材质是导电的，所以需要依靠硅胶减震垫做好绝缘，如图4-10所示。

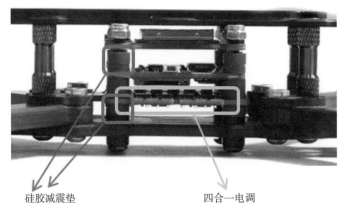

硅胶减震垫　　　　　　　　四合一电调

图4-10　多旋翼飞塔安装

电调固定好后，安装固定四个电机，焊接电机线到对应焊点，注意焊点要饱满无虚焊，焊接正、负极电源线以及电调配套电容，如图4-11所示。为确保自身安全，飞机在调试完毕至起飞之前均不要安装螺旋桨。

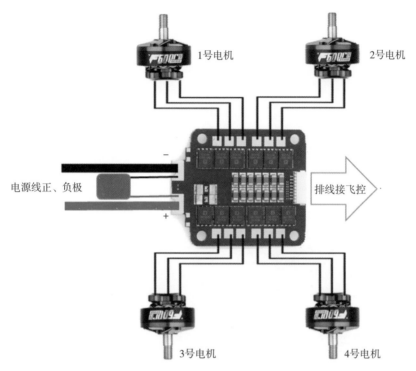

图4-11 多旋翼电调焊接连线图

2.飞控

飞控又称飞行控制器，相当于飞机的大脑，负责处理遥控器发来的指令，对指令与加速度传感器、角速度传感器等其他传感器的信号进行运算，判断飞机姿态，并通过控制电机的转速来控制飞行姿态。

飞控安装至电调上方第二层，飞控与电调之间使用减震垫及垫圈隔离，合理调整间距，避免相互干涉。飞控的飞行模式一般分为以下几种：

（1）GPS模式（需加装GPS模块）。GPS模式又名定点模式，操作难度最低，在不人为干预的情况下飞机会自动控制飞机姿态，定点、定高悬停，即飞控既管姿态又管位置。

（2）姿态模式。该模式操作难度中等，飞控只控制飞机姿态保持水平，不修正飞机飘逸，即飞控只管姿态，不管位置。

（3）手动模式。该模式操作难度最高，手动模式并不是绝对意义上的飞控不参与，飞控依然要对遥控器上的单通道信号进行混合运算将其转变成电机转速的混控信号。手动模式下，三轴加速度传感器和三轴角速度传感器，也就是陀螺芯片，是要参与控制的，只不过在这个模式下，陀螺不会让飞行器定高、定点、自稳，而是辅助手动增稳，限制俯仰、横滚、旋转的角速度。在不人为干预的情况下，飞控会锁定飞机当前姿态角不变化，否则，如果没有陀螺参与辅助控制，只是单纯靠混动控制电机，飞行器是没法稳定的。

小型竞速多旋翼常用的飞控型号有F405、F722等（见图4–12），各型飞控硬件生产厂家选择很多，做工、用料不同，其芯片计算速度与耐用性也有一定差异。

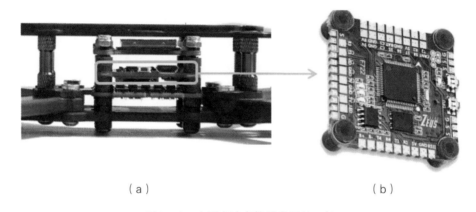

（a）　　　　　　　　　　　　　　　（b）

图4–12　小型竞速多旋翼常用的飞控

（a）安装位置；（b）F722

飞控相当于飞机的大脑，连接着飞机的各个传感器，安装好飞控后开始焊接时，应根据飞控厂家给出的对应针脚定义，准确牢固地焊接各个部件的连线，在焊接正极供电线时，应仔细核对电子元件需要的电压输入范围，供电针脚标注有5V、9V、BAT等区别，5V一般用于摄像头、接收机、BB响、LED和GPS供电，9V一般用于图传供电，BAT标注的供电针脚表示该针脚电压为电池电压，此电压一般较高，为11.1~25.2 V，接线之前需仔细核对电压是否符合设备需要，否则有烧毁风险。飞控连线如图4–13所示。

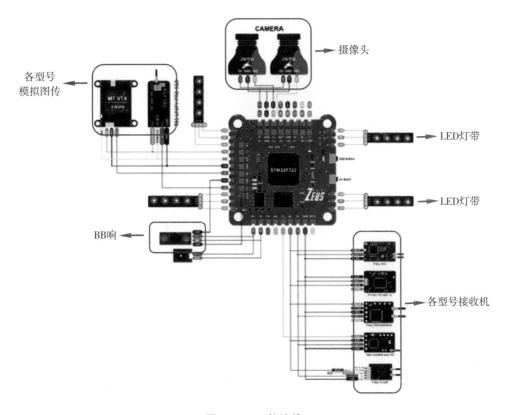

图4-13　飞控连线

　　飞控与电调使用排线连接（见图4-14），注意线序与针脚标注对应。将飞控与各部件连线插头焊接好后。飞控层安装完毕。

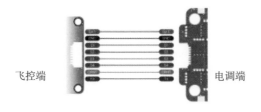

图4-14　飞控与电调连接

3. 图传

　　图传的主要功能为无线实时发射FPV摄像头所拍摄的画面，一般使用频段有915M、2.4G、5.8G等，其中5.8G为模拟图传（见图4-15）最常用频段。

图4-15　5.8G模拟图传

　　图传安装一般位于飞控上方第三层，或安装至机身其余空余位置，图传连线如图4-16所示。注意事项：①图传通电前务必插好图传天线，否则图传功率较大易发生过热烧毁；②若遇同频段干扰较大，可使用图传上调频按钮或者屏幕菜单式调节方式（On-Screen Display，OSD）切换其他频段。

图传供电输入接飞控9 V供电
接飞控地线GND
图传调参线接飞控TX
视频信号输入，接飞控vtx
图传天线插口

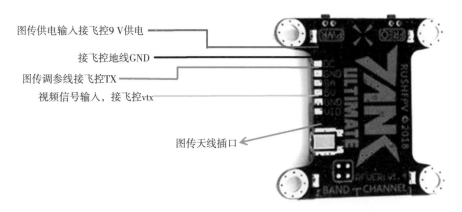

图4-16　图传连线

　　竞速多旋翼图传常用天线种类（见图4-17）大致有以下几种：①蘑菇头天线，即棒棒糖天线，信号覆盖均匀，指向性不强，距离较近，广泛应用于天空端与地面端；②平板天线，接受距离远，指向性强，接受角度窄，适合远航；③棒状天线，常用于远航飞行天空端，多旋翼由于飞行距离一般很近所以使用较少。

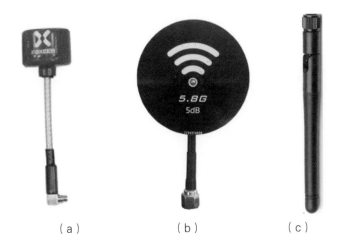

（a）　　　　　　（b）　　　　　　（c）

图4-17　竞速多旋翼图传常用天线种类

（a）蘑菇头天线；（b）平板天线；（c）棒状天线

4.3.3　FPV摄像头

摄像头就是飞机的眼睛，负责实时拍摄飞行画面，并将视频信号通过图传实时传递给飞手FPV或屏幕。摄像头与飞控之间通过一根黄色Video信号线传递视频信号、一根红色5 V供电线供电以及一根黑色GND地线形成回路。将摄像头插头插上，连接好飞控，打开地面图传接收屏幕后，即可通电检测图传功能是否正常。FPV摄像头和接线如图4-18所示。

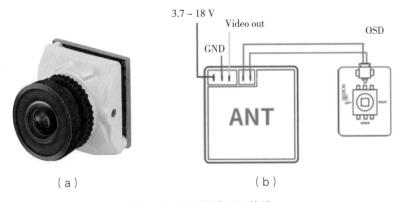

（a）　　　　　　　　　　（b）

图4-18　FPV摄像头和接线

（a）FPV摄像头实物；（b）FPV摄像头接线

挑选摄像头时，我们需要关注以下几点参数。

（1）安装孔距。摄像头的尺寸应与机架摄像头安装位置尺寸对应，一般
19 mm×19 mm 的摄像头对应机架安装孔距为20 mm，如图4-19所示。

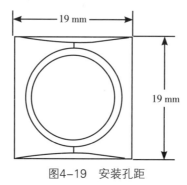

图4-19　安装孔距

（2）FOV拍摄广角。广角代表拍摄画面的视线角度，越宽的广角视线越开
阔，但同时也会带来负面影响，比如画面畸变严重，可根据个人喜好对广角进行
选择，如图4-20所示。

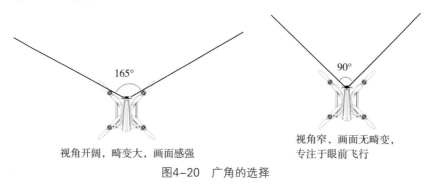

视角开阔，畸变大，画面感强　　　　视角窄，画面无畸变，
　　　　　　　　　　　　　　　　　　专注于眼前飞行

图4-20　广角的选择

（3）分辨率。分辨率越高，画质越清晰，一般从400～1 200TVL不等。

（4）供电电压。供电电压与飞控针脚匹配。

4.3.4　图传接受设备

飞机的"眼睛"采集到了画面，并经过图传处理、图传天线发射出去，地
面还需要图传接收装置和显示器才能到达飞手的眼睛。图传接受设备一般有FPV

图传屏幕与飞行眼镜两种形式可选择，FPV图传屏幕的优、缺点：①优点：飞行时可随时观测周围环境，进入目视飞行，可与周围人共享视频画面，适合新手，价格便宜；②缺点：沉浸感不强，画面清晰度不高。飞行眼镜的优、缺点：①优点：画面清晰度更高，沉浸感强，飞行更专注，飞行须有一定基础；②缺点：无法进入目视飞行，不适合新手，价格昂贵，如图4-21所示。

（a） （b）

图4-21 图传接受设备

（a）FPV图传屏幕；（b）飞行眼镜

4.3.5 锂聚合物电池Lipo介绍

锂电池主要为电机及机载设备运转提供电能，常见的电池种类很多，有镍氢电池、镍铬电池以及锂聚合物电池等，锂聚合物电池凭借其质量轻、能量密度高、放电快的特点，广泛运用于无人机动力电池。锂电池的性能参数有很多，一般需要我们特别注意的参数有电压（单位为V）、容量（单位为mA·h）、放电能力（单位为C）。

锂电池英文标识为Lipo，锂电池单片电芯标称电压为3.7 V，可以理解为单片锂电池最低使用电压为3.7 V，充满电后单片电芯电压为4.2 V，在使用放电过程中，锂电池电压会逐渐降低，切记不要过度放电（过放），电池电压低于3.6 V会导致飞机出现动力不足甚至断电的风险，电池电压过低，电能被榨干，也会使得锂电池性能发生不可逆损坏。一般将3.6 V设为锂电池单片电芯（见图4-22）保护电压。锂电池长期不使用时，也应当将单片电芯电压充至3.85 V进行储存，电池没电或满电长期放置，均会导致性能受损。

图4-22　单片电芯

　　当然，无人机的飞行需要强劲的动力，单片电芯为3.7～4.2 V的电压无法满足动力电机的需求，所以我们通过串联的方式，将多片电池串联叠加在一起，形成锂电池组，再包装成一整块，如图4-23所示。这是一块Lipo 4S 750mA · h 95C电池组。

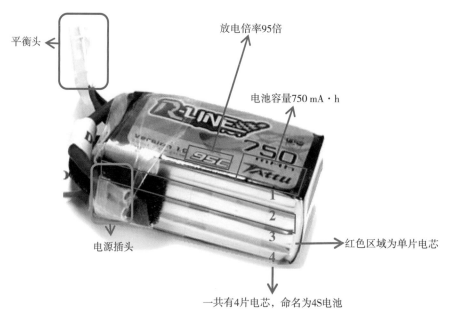

图4-23　Lipo 4S 750mA · h 95C电池组

　　它由4片Lipo 750mA·h 95C电芯串联组成，串联增加电压，不改变容量，因此，此时的电池组参数为Lipo 4S 750mA·h 95C，4S代表电池组由4片电芯构成，其他参数由电芯型号决定，不发生变化，而4S电池的电压为3.7 V×4=14.8 V。串联后的电池电压增大，以满足电机的动力需求。4片电芯串联如图4-24所示。

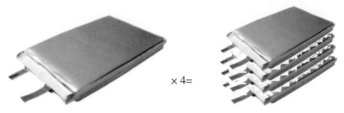

×4=

图4-24　4片电芯串联

下面我们来学习电池容量mA·h、放电倍率C 与极限放电电流的关系，以图4-24所示4S电池为例，电芯容量为750mA·h，代表该电池在满电的情况下能以750 mA（0.75 A）的电流放电一个小时，而95C代表该电池极限放电电流为750 mA（0.75 A）×95=71.25 A

如果将电池比作蓄水池，将电能比作水，那么C数的大小好比蓄水池放水阀门的大小，C越大，放水越快，所以C代表着电池极限快速放电时的最大电流与正常放电电流的倍数关系，C数越大，代表电池放电能力越强，电池性能越好。

锂电池组充电应使用平衡充电器，锂电池组由多片电芯组成，平衡充电器通过电池平衡头分别连接到各片电芯，可以保证充电过程中各电芯充放一致以及延长电池使用寿命。开始充电前设置对应电芯类别为Lipo，单片电芯充电截至电压为4.2 V。充电电流一般为1～5 C（根据电池厂家规定）。

4.3.6　遥控系统

发射机与接收机（见图4-25）组成了飞机的遥控系统，发射机即我们常说的遥控器，它将飞手手中的各种动作指令通过电位器转化为遥控信号发射出去，接收机收到信号后将信号传递给飞控，飞控再根据接收机传递的信号控制飞行动作。

发射机与接收机配套使用，使用前需按照厂家说明书的指导进行对频，每台发射机可以对频多个接收机，意味着我们虽然拥有不同的飞机，但只需要一台发射机（遥控器）即可，使用前在发射机里选择好对应的飞机模型，就可以对飞机进行操控了。

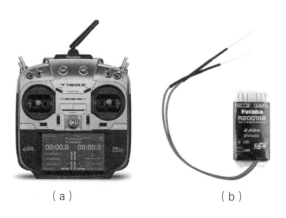

（a）　　　　　　　　　　　（b）

图4-25　发射机和接收机

（a）发射机；（b）接收机

1.接收机

接收机一般使用SBUS或iBUS与飞控进行通信。以SBUS为例，SBUS为接收机的信号传输线，我们先使用杜邦头将接收机SUBS接口与飞控SBUS焊点连接，接收机一般使用5 V供电，过高电压会导致接收机烧毁，找准对应5 V、GND焊点，注意接收机正、负极不要有误，固定好接收机的位置以及天线位置，使两根天线互成90°夹角，以保持信号良好。接收机连线如图4-26所示。

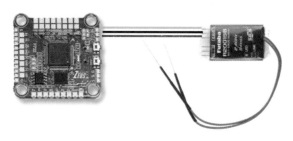

图4-26　接收机连线

2.遥控器发射机

（1）遥控器操控手法。很多初学者仅使用大拇指压住摇杆进行操控，这样的指法会让飞手很难感觉到摇杆的细微位移，导致飞机不由自主地漂移偏航，我们在操控摇杆时，应使用食指与拇指共同捏杆，保持摇杆稳定不晃动，可提高操控的精准度和稳定性。遥控器操控手法如图4-27所示。

图4-27 遥控器操控手法

（2）各通道控制方式。在多旋翼飞行过程中，我们一般会使用到5～6个通道来控制飞机，其中4个基本通道（副翼、升降、油门、方向）由左、右手摇杆进行控制，飞行模式切换、报警、失控返航和电机反转等功能则由遥控器上方的拨杆开关进行控制，功能开关一般根据个人习惯自定义，无统一标准，而4个基本通道一般分为美国手、日本手两种操控模式，如图4-28所示。

图4-28 操控模式

（a）美国手摇杆设置；（b）日本手摇杆设置

（3）遥控器设置。在飞机连接调试前，先对遥控器进行基础设置。

1）首先新建一个模型并命名，切换模型为多旋翼模式（Multi-Rotors）。

2）选择摇杆模式美国手/日本手。

3）进入功能（Function）菜单设置5、6、7辅助通道（AUX）对应通道开关。

4）选择发射制式，接收机通电对频，这里需要注意，不同型号接收机发射制式会不一样，选择对应的制式后才能正常对频。以上都设置完毕后可以连接飞控对飞机进行进一步调试。

第 5 章　基础飞行训练

5.1　训练飞场空域范围

训练飞场划分为飞行区和地面准备区，如图5-1所示。

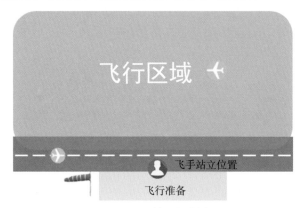

图5-1　训练飞场划分

5.1.1　安全注意事项

（1）起飞前应确保飞行区域没有人群，确认飞行区域内所有障碍物位置，清空跑道。

（2）飞手站立于跑道外侧中间位置，飞行时不要超出飞行区域，尤其不要飞往身后一侧。

（3）观察场地风向，逆风滑行起飞。

5.1.2　起飞前检查项

（1）飞行器外观无损伤，结构无损伤，无开胶。

（2）飞行器组装螺丝安装到位，无松动。

（3）机翼舵面拉杆连接无松动。

（4）电池电量满电/油料充足。

（5）油门锁打开，油门摇杆处于关闭位置。

（6）通电后，遥控器和飞行器无线电通信正常。

（7）所有舵面正常响应且方向正确，油门响应正确。

（8）GPS信号足够正确，地图飞场定位准确，磁罗盘校准无误（无人机）。

（9）地面站数传通信正常，飞控姿态修正方向正确，空速正常（无人机）。

（10）地面站回传数据正确，预规划航线正确，电压充足，电子开关打开，切换到正确飞行模式（无人机）。

5.2　飞行训练要求

1.地面滑行

地面滑行时，飞行器速度较慢，主要通过方向舵摇杆控制地面左、右转弯，动作应尽量细腻以减小幅度，确保飞机在跑道中线附近滑行并保持平衡。

2.爬升

地面滑跑达到起飞速度后，轻拉升降舵摇杆，使飞机缓慢离地，并保持一定角度稳定爬升，爬升过程中保持满油门位置，若飞机爬升过程中飞行速度快速降低，应及时轻轻顶升降舵摇杆，减小爬升俯仰角。

3.定高平飞

当飞机爬升到预定高度后，应降低油门至45%左右，通过升降舵摇杆，控制飞机至水平，保持飞机匀速飞行，飞行中及时发现并修正飞机的姿态，修正动作不宜太大，保证飞机高度尽量不发生变化。

波浪线状的飞行往往是飞行过于紧张，频繁、大幅度地使用升降舵摇杆修正飞行高度造成的，一架调试良好的飞机，即使不做任何修正，轨迹也接近一条直线。正确和错误平飞如图5-2所示。

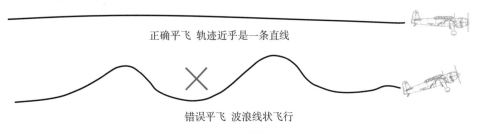

正确平飞 轨迹近乎是一条直线

错误平飞 波浪线状飞行

图5-2　正确和错误平飞轨迹

4.转弯

转弯油门维持在60%~70%，轻拨副翼摇杆，使飞机倾斜一定角度，角度保持在30°以内。此时将副翼摇杆回中，轻拉升降舵摇杆以维持飞机高度不降低，即可完成转弯动作，此动作为基础的副翼升降舵协调转弯，如图5-3所示。

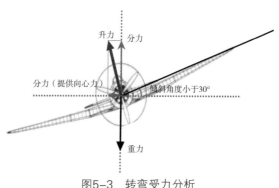

图5-3　转弯受力分析

请思考：飞机做圆周运动的向心力靠什么提供？为何转弯时我们要轻拉升降舵摇杆？

解析：转弯向心力靠升力在水平方向的分力提供，升力在飞机倾斜时，产生了水平方向的分力，用于抵消重力的力就变小了，飞机高度就会下降，为了保持高度，我们要轻拉升降舵摇杆。

5.无坡度转弯

无坡度转弯即飞机在没有倾斜的情况下水平转弯，在熟悉了副翼升降舵协调转弯后，加入方向舵练习无坡度转弯，以左转弯为例，具体操作为向左压方向舵摇杆，反方向朝右压副翼摇杆以保证飞机水平不倾斜，轻拉升降舵摇杆保证飞机高度稳定，水平左转弯如图5-4所示。

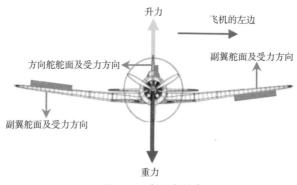

图5-4　水平左转弯

6.下降

下降时保持油门位置在15%左右，找准升降舵摇杆位置，轻拉升降舵杆，精确控制飞机，沿下滑航线均匀下降，控制好下降速度，不宜过快，对准跑道，准备降落。

7.着陆

无人机航空模型从一定高度（一般为10 m）下滑，直至降落地面到滑跑停止运动的过程，称之为着陆，着陆过程较为复杂，分解为下滑、拉平、平飘接地和着陆滑跑四个过程。

（1）下滑过程：下滑至高度10 m（应凭目力判断），判断飞机的高度和接近地面的快慢，以便及时开始拉平。

（2）拉平：下滑至高度3 m，开始拉平，根据飞机离地的高度和下沉的快慢，柔和拉杆，使飞机随着高度的降低，减小下降速度，在0.5 m高度时转入平飘。

（3）飞机转入平飘（缓慢下沉不飘起）后，应稳住升降舵杆，根据飞机下沉的快慢、仰角的大小和当时的高度，继续柔和拉杆。飞机速度下降后，用后轮轻轻接地，关闭油门，使飞机前轮接地，稳住滑跑方向直至停止。

5.3　五边航线

起落航线也叫五边航线，由起飞、进入航线、准备进入着陆和着陆组成，如图5-5所示。航线一共分为五段，第一段为起飞爬升段，第二、三、四段为平飞段，第五段为下降着陆段。应注意：①飞行不要进入身后一侧；②二、三、四边飞行高度保持在80～120 m，跑道长度至少为100 m。

机场一般采用五边航线作为起降固定路线，以确保飞机起降的顺畅。该路线由五个边形成一个矩形，跑道侧由一边和五边组成，其余的三个边由二、三、四边组成，如图5-5所示。五边航线通常为沿逆时针方向，然而，因存在各种障碍，或为了避开山壁或地面建筑，也有沿顺时针方向的模式。这种预定的模式有助于飞机起降的安全性，这是由于所有的无人机飞行员都遵循一样的模式，可避免飞机在空中相撞。

特大型的机场虽然会设定五边飞行模式，但通常不使用。长途商业客机会在离机场数小时的路程时，甚至是在起飞前，就向目的地机场发出进场请求。大型机场有专属的无线电频道，称为"Clearance Delivery"，供离港飞机使用，确保飞机能采取最直接的进场路径来降落，而无需担心其他飞机的干扰。虽然系统确保了领空的畅通，但仍需要有班机的预定行程，才能早先一步规划班机的起降计划，因此只有在大型商业飞机上才能派上用场。该系统近年来非常先进，航管员已经能够预测，甚至在飞机从原机场起飞前就能预测飞机降落是否会延误，因此飞机可晚点起飞，以避免燃料的浪费，同时可以避免飞机在空中盘旋等待降落。

　　五边航线作为基础的飞行训练航线，考验飞手们是否具有安全操作航空器完成一整套基础飞行的能力，各位飞手们训练时一定要认真对待哦。

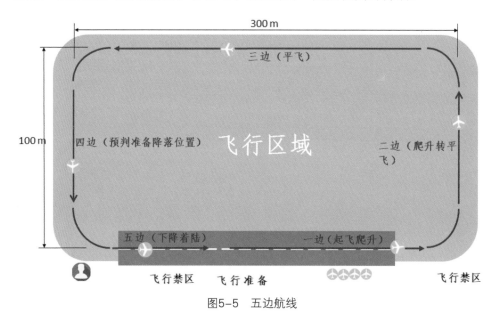

图5-5　五边航线